项目资金

2015年中央高校基本科研业务费专项资助项目

（The Fundamental Research Funds for the Central Universities）

葛威主持"东南地区民族植物学调查与研究"

（编号 0640-ZK1100）

东南地区民族植物学调查与研究

葛 威 杜 娟 董诗华 生膨菲 /著

厦门大学出版社

XIAMEN UNIVERSITY PRESS

国家一级出版社
全国百佳图书出版单位

图书在版编目(CIP)数据

东南地区民族植物学调查与研究/葛威等著. —厦门:厦门大学出版社,2017.12
(东南族群关系与海洋文化丛书)
ISBN 978-7-5615-6644-2

Ⅰ.①东… Ⅱ.①葛… Ⅲ.①植物-关系-人类-调查研究-中国 Ⅳ.①Q948.12

中国版本图书馆 CIP 数据核字(2017)第 196986 号

出 版 人	蒋东明
责 任 编 辑	薛鹏志
封 面 设 计	蒋卓群
技 术 编 辑	朱 楷

出版发行 厦门大学出版社

社 址	厦门市软件园二期望海路 39 号
邮 政 编 码	361008
总 编 办	0592-2182177 0592-2181406(传真)
营 销 中 心	0592-2184458 0592-2181365
网 址	http://www.xmupress.com
邮 箱	xmup@xmupress.com
印 刷	厦门集大印刷厂

开 本	720mm×1000mm 1/16
印 张	11.75
插 页	2
字 数	200 千字
印 数	1~1 100 册
版 次	2017 年 12 月第 1 版
印 次	2017 年 12 月第 1 次印刷
定 价	46.00 元

本书如有印装质量问题请直接寄承印厂调换

厦门大学出版社
微信二维码

厦门大学出版社
微博二维码

东南族群关系与海洋文化丛书　总序

从"东南"到"南洋"：跨越世纪的再出发

张先清

　　凡是具有悠久学科传统的人类学、民族学研究机构，其学科发展几乎都与某个区域紧密联系在一起，形成一种"地缘—流派"的学术格局。相反，假若飘忽无根，则很难发展出连贯的学科积淀与学派风格，由此也不易被学界同行所认可。回顾厦门大学的人类学、民族学学科史，这一特征也颇为鲜明。除了人类学、民族学、考古学三科并重之外，厦门大学人类学、民族学所具有的另一个重要特色就是其一直以东南与东南亚地区作为重点研究区域，深挖根植。在相当长一段时期内，从南方民族史与百越民族史的历史民族志考察，到东南民族与海洋考古及东南地区畲族、回族、台湾原住族群以及客家人、疍民、惠东人等族群社会与文化研究，再到东南亚诸族及华侨华人的探索，围绕上述议题迄今为止已经历经了前后四代人、将近一个世纪的积累，成果可谓荦荦大观。

　　这种立足东南与东南亚地区的研究取向，是与当初厦门大学人类学、民族学、考古学科的创始人林惠祥(1901—1958)先生的学术构想分不开的。早在 20 世纪三四十年代，立志要在厦大发展人类学、民族学的林惠祥先生已经酝酿了一个庞大的研究计划，那就是以厦门大学所在的东南区域为中心地，着力研究这一区域的族群文化，然后由此扩展到广袤的"南洋"地区。在林惠祥先生看来，厦门大学地处东南，因此，本校的人类学、民族学发展方向应该重点研究分布在本区域的"畲族、疍民、黎族和台湾的高山族"。众所周知，畲族是分布于东南地区的一个主要少数民族，疍民则是东南地区极富特色的水上族群，至于台湾原住民，则更是理解南方族群源流上重要的一环。以上都是东南地区族群分布格局中的重要组成部分，自然是东南人类学、民族学首先要重视的研究方向。

在林惠祥先生的研究设想中，除了东南地区之外，"南洋"似乎又是重中之重。而且这两个区域在学术脉络上又是互联互动，不可分割的。他认为，东南地区与"南洋"即东南亚地区，在地缘与族缘上有着十分密切的关系。因此，厦门大学的人类学、民族学科也要注重从东南延伸到"南洋"，重点研究"南洋诸族"，因为"南洋民族繁多，地方广大，人类学材料极为丰富，欧美学者尚远来研究采集，中国东南部密迩南洋，自然更可就近取材"。他还特别指出，"我们如和这些南洋各民族互助合作，必须对他们的情况能够了解，所以对南洋民族应加以研究"。换言之，他很早就以一种学者的敏锐眼光，看到了东南亚区域在沟通海上通道与文化接触的枢纽作用，而中国要发展与东南亚地区的关系，推进地区间的互助交往，实离不开人类学的学科参与。厦门大学人类学、民族学以"南洋"为主要研究方向，还有不可多得的地利之便，"南洋到处都有华侨，如要到南洋做短期的采集考察或长期的居留研究，都因有侨胞的帮助而方便得多。华侨半数属福建南方人，又以厦门为出入港口，故厦门大学要做这种工作比别地大学容易"。他还认为，这也是一种学术反哺，因为"厦门大学原是南洋华侨创办的，本来应负研究南洋的责任"。此外，从民族考古学角度而言，在探讨大洋洲族群起源诸问题上，因为历史上东南与"南洋"族群互动的紧密关联性，也使得这一区域成为一个无法绕开的田野，"南洋太平洋民族的来源，究从何方，也是人类学上一个问题，这个问题的解决，似乎也须看华南，尤其是中国东南部的史前发掘。"

很显然，林惠祥先生所擘画的这个以东南与"南洋"为中心的研究计划，其构想是十分宏大的，而其背后所蕴含的学术价值也是十分突出的，对于今天我们发展人类学民族学科而言，至少有着以下两点重要的启发意义：

一是人类学研究中的区位坚守问题。人类学研究以田野为基石，因此无一不是依赖一定的区域社会，通过长久的研究以获取深度的地方经验，洞察地域人群的生活智慧，进而提炼出人类文化的一般规律。最先发展现代人类学的欧美各国，就是因为依托海外殖民地建立起了最早的一批稳定的田野点，撰写出了许许多多经典民族志，并形成了上述鲜明的"地缘—流派"格局，如英法学界的非洲与澳洲田野、美国学界的美洲、大洋洲田野、荷兰学者的印尼群岛田野，等等。一些欧美学者甚至坚持在同一个区域社会中开展长时段的田野工作，通过数十年的耐心沉淀，生产出杰出的学术成果，而这些长时段的田野点也相应地变成了人类学史上具有重要象征意义的名区。这方面一个经典的案例就是美国加州大学以赞比亚河谷为中心的长时段人类学田野调查计划（Gwembe Tonga Research Project，GTRP）。虽然这种在一个较为固定的区域中开展持久观察的研究方式，在当下这个讲究速战速决的时代似乎不合时宜，一些人类学者更热衷于天马行空式的田野旅行，或采用游击战策略，打一枪换一个地方，但窃以为，要真正达至对于人类文化逻辑的深度理解，除了这种长时段的田野外，确实别无他法可以更好地累积出丰富的民族志资料。这也是人类学科能真正对于世界文明做出贡献的必由之路。因此，对于中国人类学民族学科而言，目前应该大力倡导基于传统优势区位的田野研究，尤其是在这些田野点开展类似 GTRP 这样的长时段调查计划，以一种足够的耐心来经营我们的田野工作。在这方面，厦门大学人类学民族学科必须要坚守东南地区田野区位，这是我们必须紧握的沃土。

二是人类学研究中的海外民族志问题。人类学本质上是一门跨文化学科，因此不能只局限于研究熟悉的文化，否则就难以摆脱马林若夫斯基所谓的本文化束缚。凡能称为人类学强国的，必然都有着丰富的海外研究成果。而在相当长时期之内，中国人类学民族学因为缺乏这种必要的海外民族志调查与研究，由此也就无法积累起足够丰富的不同文化的民族志经验，从而完成应有的跨文化比较，自然也就无法自如地运用本文化的认知体系发展出更多的具有世界意义的核心学术概念。林惠祥先生在 20 世纪 40 年代提出要从东南到南洋，到东南亚去开展"南洋民族"研究，甚至明确点明有机会要做"长期研究"。尽管此处林惠祥先生所提的"南洋"研究，还离不开当时文化区域说的影响，但他应该是中国最早倡导并身体力行从事海外民族志的先驱之一。而且，他已敏锐地认识到东南亚民族志经验对于中国人类学发展的重要作用，尤其是有助于理解中国文明发展的一些核心问题。例如，他很早就认识到要理解中国南方民族起源问题，是无法绕开东南亚海外民族志研究，这种重视海外民族志研究的视野，也是他随后得以据此提出"亚洲东南海洋地带"这一统领性学术概念的原因。

由东南而南洋，尽管林先生英年早逝，幸运的是，他的继任者一直都没有偏离这个指导思想。20 世纪五六十年代，厦门大学人类学民族学学科广泛开展了畲族、回族、疍民、惠东人等领域的研究，尽管在"文革"中有所中断，但 20 世纪 80 年代改革开放后，很快又重新恢复了东南研究传统，在百越民族史、东南民族史、东南畲族、东南回族、台湾原住族群以及惠东人、客家人研究方面，涌现出了一大批研究成果。此时期的研究视角，也逐步拓展到了东南亚地区,尤其是东南亚华侨华人研究方面。经过长时期的积累,可以说,厦门大学目前已经成为研究上述领域的重要中心。

这套"东南族群关系与海洋文化丛书"也是由林惠祥先生的思想延伸而出,它体现了新一代厦门大学人类学民族学研究者对于东南研究传统的珍视与继承。近年来,厦门大学人类学民族学科一直十分重视东南与东南亚地区研究,不仅每年的研究生田野实习工作都安排在东南地区进行,其中还克服重重困难,到台湾地区开展了为期七周的研究生密集田野实习,这在大陆高校中尚属首次。此外,借助厦门大学开展哲学社会科学繁荣计划的有利时机,我们也适时启动了"东南族群关系与海洋文化研究"这一研究计划,其初步设想是继承东南与"南洋"研究传统,围绕东南族群关系与海洋社会文化开展扎实的田野调查工作。编入本丛书的就是这个研究项目的第一批成果,其讨论范围主要包括东南民族村寨景观、东南民族艺术、台湾兰屿族群、东南海洋族群、东南科技考古以及东南汉人社区、客家民系等,这里面既有针对传统议题的新阐发,也有新问题的初步探索。

需要特别说明的是,本项目研究是厦门大学哲学社会科学繁荣计划的人类学专项组成部分,为此我们特别感谢厦门大学社科处的大力支持,尤其是陈武元处长,一直十分关心这套丛书的出版。当然,由于研究工作量大,时间仓促,书稿中一定存在着不少需要改进的地方,也请读者诸君指正。

目　录

上编　民族植物利用调查

下编　植物考古研究

上编

民族植物利用调查

第 一 章

桄榔在华南民族中的利用考略

❋ 葛 威

摘要：先前关于中国植物早期利用的研究主要集中在黄河流域以及长江中下游地区。有关华南地区的植物利用情况还没有引起学界足够的重视。本文基于中国古代文献的考查表明，棕榈科植物桄榔曾经在华南地区得到较早的开发和利用。作为一种食物的来源，桄榔至迟在西晋已有记载，且一直延续至今。对桄榔早期利用的考证及民族学调查表明它曾经在华南地区人们的经济、文化生活中扮演过重要角色，其在考古学和民族植物学研究中的重要意义应该得到充分的认识。

桄榔是棕榈科桄榔属的高大常绿乔木，主要分布在我国广西、海南，云南、广东、福建、台湾等地及东南亚和中南半岛一带[1-3]。根据植物志的记载，桄榔具有食用、药用等多种经济价值。我们在开展华南地区民族植物利用调查时，注意到其在当地经济、文化生活中的重要性，于是进行了相关的文献梳理和实地考察，现将主要的收获报告如下。

一、桄榔的名称与植物分类学

在古籍当中，桄榔有多种异名，包括姑榔、面木、董棕、铁木等[4]（卷32树木部）。李时珍[5]（卷31）在《本草纲目》中就这些名称产生的原因做了分析：其木似槟榔而光利，故名桄榔；姑榔其音讹也；面（木）言其粉也；铁（木）言其坚也。至于董棕，李时珍没有给出解释。笔者以为，这是古人没有对桄榔、董棕、鱼尾葵这几种都能出产面粉的棕榈科植物进行区分的缘故。董棕另有其树,学名是 *Caryota urens*,其茎也贮存淀粉,用作西米的原料。

桄榔与同属的砂糖椰子在形态上很接近,并由此在命名上一度与后者相混淆。在《中国植物志》、《海南植物志》、《广西植物志》、《广东植物志》以及《西藏植物志》等资料中也都提到桄榔的别名是"砂糖椰子"和"糖树",并将其学名定为 *Arenga pinnata*。事实上,很多棕榈科植物的花序都可作为制糖的原料,如糖棕属的糖棕(*Borassus flabellifer*),鱼尾葵属的鱼尾葵(*Caryota ochlandra*)等,这或许是造成"糖椰子(sugar palm)"这个俗名的使用比较混乱的原因[1,6]。

实际上,桄榔与通常所说的砂糖椰子(*Arenga pinnata*)形态上虽然相似,但还是有区别的。根据前人的研究[7],这种区别主要有以下两个方面。首先,二者在叶片形态上存在一些差异。桄榔的羽片较窄,呈两列均匀排列于一个平面上;而砂糖椰子的羽片较宽,排列杂乱,各个方向都有。其次,它们的种子大小也不一样。桄榔的种子较大,可达 3cm;而砂糖椰子的则比较小,仅有 1cm 左右。笔者在广西龙州考察了当地的桄榔树,其叶形与种子大小确实与这种描述是一致的。关于砂糖椰子,虽然没有亲眼见过,从文献[6]中的照片来看,其果实数量较多,而尺寸较小,与笔者在龙州所见桄榔差别显著。所以,我们采用这种新的认识,桄榔的学名应该是 *Arenga westerhoutii*。在这个问题上,我们注意到由中国科学院植物研究所主办的"中国植物志"网站数据库中已经将 *Arenga westerhoutii* 作为桄榔的接受名,相信将来在植物志中也会进行相应的修改。

检视早期关于桄榔之记载,均有文无图。清代陈梦雷[8](第553册p35)所编《古今图书集成》桄榔条下始配有一张"桄榔图"。但是查看该图中所绘树木的形貌特征,仅茎干和花序与棕榈科植物相类,而叶片的形态则与桄榔迥异(图 1:a)。晚清学人吴其濬在其植物学集大成之作《植物名实图考》中有两处地方提到桄榔。一处是卷三十一的"桄榔子"条,言:桄榔子,开宝本草始著录,一名面木,广中有之。木为车辕不易折;以为箭镞,中人则血沸。此处所配之图也不是桄榔的形象,从其扇形掌状裂叶判断,更像是蒲葵属的植物(图 1:b)[9](p724);另一处为卷三十五莎木条,言:莎木,本草拾遗始著录。木皮内有黄色面,生岭南……又以交州记都句树出屑如桄榔面,可作饼饵,恐即此。李时珍[5](卷31)认为莎木、㯶木应为桄榔之讹称。从其文字描述来看,应该还是桄榔树,而配的图却与《古今图书集成》中之桄榔图差不多(图:

c)[9](p816)。这些图的错误似乎表明作者并没有对桄榔进行实地考察。

二、桄榔的食用价值

对桄榔食用价值的记载最早见于西晋。张华[10](逸文)所撰《博物志》中记载："蜀中有树名桄榔，皮里出屑如面，用作饼食之，谓之桄榔面。"可见至迟在1700多年前，人们已经认识到桄榔的食用价值，而且探索了食用桄榔面的方法。

差不多成书于同时代的《南方草木状》中也描述了桄榔的食用价值："桄榔树似栟榈……皮中有屑如面，多者至数斛，食之与常面无异……出九真交趾。"[11](卷中)栟榈即棕榈[12](卷79木谱)，这里指出桄榔树的形态学特征与棕榈相类，也记载了桄榔树所食用的部位在皮中之屑，食用的方法是面食。九真、交趾均为汉时建制，都在今越南境内。

又有左思在《蜀都赋》中写道"都人士女，祛服靓妆……异物崛诡，奇于八方，布有橦华，面有桄榔。"[13](卷1)衣服和食物是人类最重要的生活资料。这里将桄榔面与木棉并提，显示了桄榔在魏晋时的川蜀一带人们的经济生活当中的重要地位。这也提示，桄榔面作为南方特有一种食物资源，可能在一些地区并不仅仅是主粮的补充，也许其本身就是主粮。

稍晚的《华阳国志》载："自梁水、兴古、西平三郡少谷，有桄榔木可以作面，以牛酥酪食之，人民资以为粮。欲取其木，先当祠祀。"[14](卷4南中志)此处提到的这三个郡原属宁州兴古郡，在东晋建武元年（317年）分为此三郡，地望大约在今昆明以东至云桂黔交界区一带。可见，在东晋时的云贵高原，人们已经认识到桄榔的救荒价值，而且在伐木取面之前要举行一定的仪式。这是否意味着桄榔具有某种图腾意味，尚不得而知。

关于桄榔木制面的方法，文献中也多有记述。如贾思勰《齐民要术》卷十"㮯木"条载："吴录地理志曰交阯有㮯木，其皮中有如白米屑者，干捣之以水淋之似面，可作饼。"[15]此处㮯木也是桄榔之别名。从上述记载可知桄榔木加工成面粉主要有两个步骤：一是捣碎，可能是借助杵臼一类工具；二是洗脱。笔者在广西龙州水口所作调查表明，当地壮族群众加工桄榔粉的方法与之相近，下文详述之。

一些文献还记载了桄榔树的面粉产量情况。在《南方草木状》中，记载一棵桄榔树出面"多者至数斛"，而据《齐民要术》记载，莎木"一树收面不过

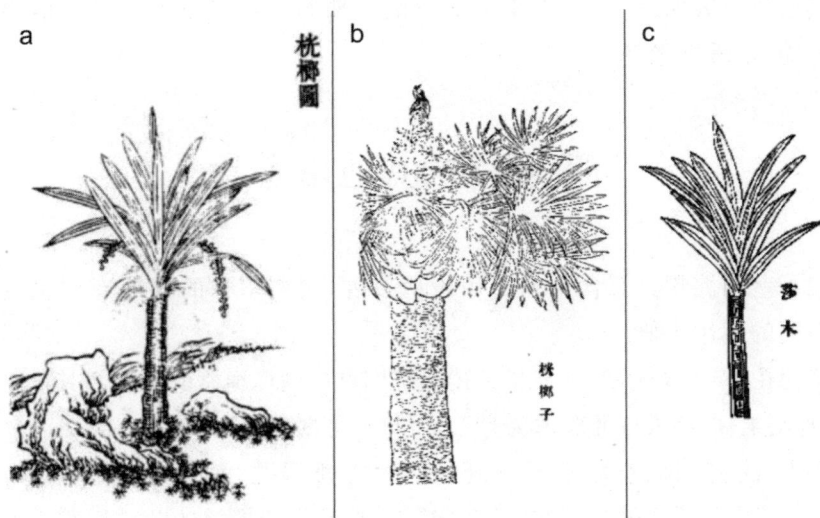

a.采自《古今图书集成》,b、c.采自《植物名实图考》

图 1-1　古籍中的桄榔图

一斛"[15](卷10)。宋代李昉[16](卷960木部)《太平御览》中所记桄榔粉的产量最高:
"蜀志曰兴古南汉县有桄榔树……大者收面乃至百斛。"斛是容量单位,约合
20升,折合成水是20公斤,百斛就是2000公斤水的体积。一棵桄榔树收几
千斤面是不可能的。笔者认为前面说的"数斛",即几十、上百斤应该较为
可信。

三、桄榔的药用价值

跟很多其他野生食物一样,桄榔不仅用于充饥,也有一定的药用价值,
并且很早就被人们认识。据《本草纲目》转引隋唐名医李珣之说:"桄榔面气
味甘平无毒,作饼食腴美令人不饥,补益虚羸损乏腰脚无力,久服轻身辟
谷。"[5](卷31)明朱橚《普济方》[17]卷二百十九诸虚门也指出桄榔具有补益的作
用:"治补益虚羸之损,以桄榔面食之。"不仅桄榔面,桄榔的种子也具有一定
的药用价值。《本草纲目》载:"桄榔子气味苦平无毒,主治破宿血。"[5](卷31)

现代医药学的研究表明,桄榔粉的主要成分为碳水化合物,含有较多的
膳食纤维,并含有一定量的蛋白质和脂肪。元素分析表明,一些具有抗氧化
功能的元素如 Fe、Zn、Cu、Se 含量较高,Ca、Mg 含量也很丰富。以小鼠为材

料的实验研究表明,在食物中添加适量的桄榔粉可以调整老龄机体的整体生理机能,延缓衰老[18]。

四、桄榔的其他用途

除了茎内淀粉具有食用和药用价值以外,桄榔植株的其他部位也具有各自不同的利用价值。

嵇含在《南方草木状》中最早记述了桄榔可以制作绳索的价值:"其皮可作绠,得水则柔韧,胡人以此联木为舟"[11](卷中)。另据唐刘恂《岭表录异》记载"贾人船不用铁钉,只使桄榔须系缚,以橄榄糖泥之,糖干甚坚入水如漆也。[19](卷上)"这里所说的"皮"和"须",实际上都是指桄榔树的叶鞘纤维。关于橄榄糖,刘恂也进行了说明:"橄榄树枝叶上生脂膏,如桃膏,南人采之,和其皮叶煎之,状如墨锡,谓之橄榄糖,用泥船舶,干后,坚如胶漆。"[19](卷中)岭南地区交通不便,造船物资相对缺乏,使用桄榔树须和橄榄糖这样的本土材料加固船身,虽然可能不如铁钉坚固,但也反映了古代劳动人民的勤劳和智慧。

桄榔茎干的木质部非常坚硬,而且遇水后会迅速膨胀,因此被制成箭头用于狩猎或杀戮。宋周去非《岭外代答》卷六云:邕州溪峒以桄榔木为箭镞,桄榔遇血悉裂,故其矢亦能害人。卷八又进行了更详细的解释:溪峒取其坚以为弩箭,沾血一滴则百裂于皮里,不可撤矣。不唯其木见血而然,虽木液一滴着人肌肤,即遍身如针刺。是殆木性将行于气血也。[20]

人们还利用桄榔木质地坚硬的特点用它制作耕田的锄头。桄榔木制作锄头的记载最早见于三国时吴人沈莹《临海异物志》(原书已佚,引自《后汉书》[21](卷86南蛮西南夷列传第76)):"桄桹木外皮有毛,似栟榈而散生,其木刚作镆锄利如铁,中石更利,唯中焦根乃致败耳。""焦"与"蕉"同音,如宋代唐慎微《证类本草》中的引文即写作"蕉":"惟中蕉根破之,物之相伏如此"。[22](卷14)说桄榔锄头遇到石头则更锋利,遇到芭蕉根就败,是很难理解的。而清代《渊鉴类函》中的引文则为"中湿更利,惟中焦即致败耳"[23](卷416木部)。"石"与"湿"同音。若取用后世之说,则其"焦"的意思为"干",正好与"湿"相对。说桄榔锄头湿的时候比干的时候更坚韧,还是比较符合事实的。有文献在记述桄榔棕毛做的绳索时说"得咸水更愈韧"[24](附录),可相佐证。从植物生理学的角度而言,桄榔的木质不同于一般的木材以木质部为主,而是含有大量的韧皮纤维,表现为古籍中所言桄榔木"紫黑色有纹理"。其中的韧皮纤维吸水后膨胀,从而更加坚韧,这和其棕毛遇水后"愈韧"是一样的道理。

除此之外,《南方草木状》载其可制"弈枰"[11](卷中),即棋盘。黄庭坚[25](卷13)《山谷别集》记有桄榔曲尺。棋盘、曲尺一类物件,对材料的要求很高。《南方草木状》言桄榔木其"性如竹"[11](卷中)。正是由于木质部非常致密,不易变形,才使得桄榔有这样的用途。另有清人李调元[26](卷13)在其《南越笔记》中记录桄榔作为抬轿用的轿杆,也是与其木质坚韧有关。

五、文学作品中的桄榔形象

桄榔木树形优美,为历代文人墨客所吟诵,尤其是在宋代。周去非《岭外代答》卷八:"桄榔木似棕榈,有节如大竹,青绿耸直高十余丈,有叶无枝,阴绿茂盛。佛庙神祠,亭亭列立如宝林然,结子叶间数十穗,下垂长可丈余,翠绿点缀有如缨络,极堪观玩。[20]"这里说的不再是前文所述那些实用价值,而是桄榔的观赏价值。北宋诗人梅挚[13](卷11)《登普贤阁观桄榔树留小诗》云:壮年薄宦守西瓯,一瞬流光三十秋,今见桄榔两嘉树,恍如重到海边游。梅挚年轻时曾在昭州做官,从诗中看来当地桄榔树的分布应该很普遍。南宋爱国诗人戴复古[27](卷96)在其《林伯仁话别二绝》中有句云:"茉莉花边把酒卮,桄榔树下共谈诗。"诗人将桄榔树和茉莉花相提,显然是基于同样的美学意境。黄庭坚[28](第11)亦有诗云:风前橄榄星宿落,日下桄榔羽扇开。

海南岛的黎民可能有较长时间利用桄榔的历史。南宋李光被贬琼州期间有多篇诗作提到桄榔。如他在《黎人二首》中写道:桄榔林里便为家,白首那曾识史华;莫说蛮村与黎洞,郡人观睹亦咨嗟[29](卷7)。反映了桄榔在黎民生活中的重要性。苏轼被贬海南儋州时,最穷困的时候甚至无处可居,后来在乡亲们的帮助下于城南的桄榔林里搭了几间茅屋,以"桄榔庵"名之,并做《桄榔庵铭》记述此事[30],所以他对桄榔树有着特殊的情感,在岭南期间有不少诗文提到桄榔。如其在《答南华辩禅师五首》中记述了用桄榔木制作的手杖送给南华寺的重辩禅师的事:荒州无一物可寄,只有桄榔杖一枚,木韧而坚似可采[31](东坡续集卷7)。苏轼不止一次将桄榔手杖送给朋友。除了南华寺的重辩禅师,还送给过诗人张文潜[31](东坡续集卷5),显示了他对桄榔手杖的喜爱。苏轼的一生可谓颠沛流离,在海南生活时已是暮年。多亏了桄榔,给这位落魄的一代文豪些许慰藉。

在当代文学中,我们也不难觅到桄榔的影子。诗人邵燕祥在其一首诗中写道:

> 百叶窗一样的/桄榔叶,是大地的/睫毛长长//温热的大地呀/快张开眼睛/和我一起仰望//空中摇曳着/无数暗青色的花朵/密密的星星,花蕊叮当

(《南方的夜》)

这里,诗人将桄榔的羽状叶片比喻成大地的睫毛,非常形象和生动。

桄榔树干笔直,不分枝桠,透露出一种隐忍和坚持的精神。故此,岭南地区用"桄榔树一条心"来形容那些对爱情或理想坚贞不屈的人。在广西壮族作家孙步康[32](p197−214)的短篇爱情小说《遥远的桄榔树》中,桄榔粉被女主人公作为离别的礼物馈赠爱人,反映了其在壮乡文化生活中的重要性,而桄榔树在文中的反复出现无疑与其对忠贞爱情的象征性不无关系。

六、桄榔利用的民族学调查

为了深入了解桄榔在华南民族地区的利用历史与现状,笔者于 2012 年12 月赴桂西南边陲小镇——崇左市龙州县水口乡实地考察了桄榔在当地的利用情况(图 1-2)。

据龙州县志记载,该地盛产桄榔粉。初到龙州的下午,漫步在小城的街巷,可以看到不少商店出售桄榔粉制品。据了解,此地的桄榔粉主要产自水口乡。次日,在当地壮族朋友的陪同下前往水口调查。水口位于中越边境,是一个繁忙的贸易口岸,其建筑带有一定的越南风情。在最繁华的一个路口,可以看到路边房屋在醒目的位置写着"香蜜桄榔粉,健康每个人"十个字,让人感受到"桄榔之乡"浓浓的气息(图 1-3)。

在水口,我们考察了加工桄榔粉的作坊(图 1-4)。作坊区集中分布于水口河(越南称平江河)的河湾处,可能跟加工桄榔粉需要大量的水有关。这些作坊都不大,一般只有 2～3 个人在工作。从功能上来看,这些作坊分为两类。一类是将桄榔的树干加工成段,并剥皮,然后将树心粉碎成细屑。另一类则是对细屑进行淘洗、过滤和沉淀,以获取较纯净的桄榔粉。加工所使用的工具已经机械化,剥皮和分段是用电锯,粉碎是用电动的粉碎机。桄榔原料(指没有加工的桄榔树干)的价格是六毛五/市斤,粗加工粉碎后的价格是 6 元每斤。

（虚线示槟榔粉加工作坊主要分布区）

图 1-2　水口乡所在地理位置

（窗户上方的 10 个字为:香蜜槟榔粉,健康每个人）

图 1-3　水口新街的建筑

每 5 斤原料可制得 1 斤成品粉,出粉率达 20％,与粉葛的出粉率接近[33]。在水口旧街,处处可见人家的屋檐下堆放着桄榔树皮,这些加工桄榔粉产生的副产品是很好的燃料,现在仍被当地人用来烧火做饭(图1-5)。

上:一处粗加工作坊门口堆放的桄榔树干;下左:一处桄榔粉精加工作坊,工人正在进行澄滤作业;下右:盆中盛满正在沉淀的桄榔粉浆

图1-4 水口旧街的桄榔粉加工作坊

需要指出的是,当地群众将鱼尾葵和董棕的树心制的粉也叫"桄榔粉",所以这里生产的桄榔粉实际上有三种,根据原料的不同,价格也有较大差异。其中桄榔粉每斤8元,鱼尾葵粉每斤15元,董棕制的粉最贵,每斤20元。追究其原因,并不是意味着董棕粉更有营养价值,而是因为其出粉率低,相对来说加工成本更高。

由于桄榔的生长周期较长,通常要长到5～6年才能取粉,目前还没有发

图1-5 水口旧街居民家的屋檐下堆放的桄榔树皮

展大规模栽培。调查中获取的另一个情况是，这些作坊中加工的桄榔原木全部来自边境对面的越南山区。由于过度砍伐，目前当地的桄榔树已经非常稀有，只有深山老林里才能找到。我们走在水口的老街上，看到一户人家门口还栽种有桄榔树，正结着硕大的果实，当地管这样种在门前的树叫"风景树"，主要作为观赏之用。该树的叶展达 3 米以上，羽片指向同一方向。经主人允许，我们采摘了几颗果实。其果实为近球形，长 4~5 厘米，具三棱，顶端凹陷。从果实外观来看，并不容易与砂糖椰子区分。但是，剖开一个果实后，测量其中的两个种子长度，分别为

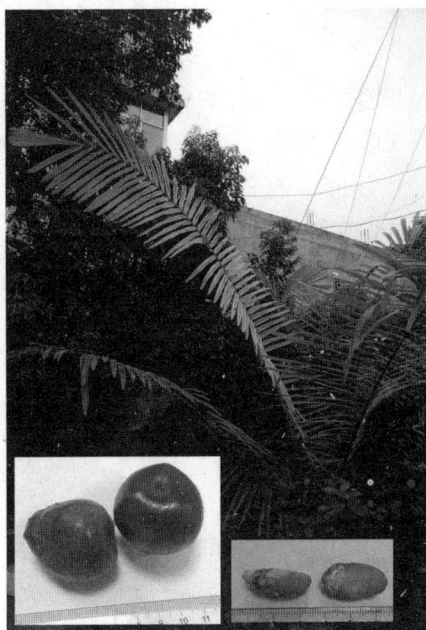

（左下为其果实，右下为种子）

图 1-6　水口镇一户人家门口的桄榔树

2.7 厘米和 2.8 厘米，与文献中桄榔的种子相符[34]，大于砂糖椰子的种子长度。结合叶形分析，该树为桄榔无疑（图 1-6）。

通过访问当地村民，我们了解到附近下冻镇叫堪村北耀农场的龙火山上还有少量桄榔树的分布。该山为石山，地高约 200 米。山上怪石嶙峋，树草丛生，无路可循，且坡度在 70 度以上，攀爬非常困难。笔者与两位向导于第二天下午经过 1 个多小时的攀爬才到达山顶。翻过山顶后，即可看到零星的小桄榔树苗，又在茂密的丛林中走了约 20 分钟终于找到一棵成年桄榔树（图 1-7）。该树树龄约 5~6 年，叶展达 3~5 米，高

图 1-7　龙火山上密林中的桄榔树

11

6米多。后来，在下山的途中又见到一小片桄榔林，大约有十来棵，但树龄都较小。

桄榔粉的制作和食用方法也是我们考察的一个方面。制作桄榔粉一般是在夏季，在桄榔树开花之前。选高大的植株砍倒，剥去外皮，取出髓心，砍成小段。然后放到石臼中舂碎（图1-8），再用石磨磨成细粉。细粉还是有很多杂质，包括树干中的纤维，要放入一个布袋中，在盛满清水的

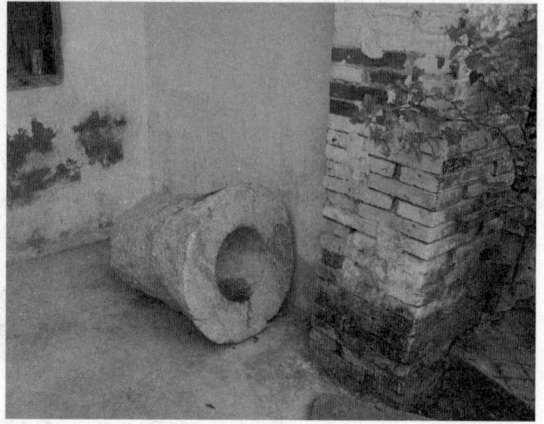

图1-8　屋檐一角废弃的石臼，曾用于加工桄榔粉

缸中反复揉搓，从而使淀粉自布的网孔渗出，而粗纤维和渣滓则留在布袋内。滤出的淀粉溶液经过沉淀，得到湿的淀粉块，晒干后即成桄榔粉。当地对桄榔粉的食用方法为开水冲泡。取1～2勺桄榔粉，加入少量冷开水，先行搅拌成均匀的糊状。然后倒入滚开的水，边倒边搅拌，随着桄榔淀粉受热糊化，逐渐呈半透明的凝胶状，即可食用。也可添加适量白糖或蜂蜜以提高风味。我们了解到，现在人们食用桄榔粉已经不是为了充饥，而主要是作为老人和小孩的滋补用品。当地用桄榔粉、白砂糖和蜂蜜制成的"香蜜桄榔粉"远销全国各地。

据载，桂西南的壮族群众不仅用桄榔代粮，也用来治病。如果有孩子出远门，母亲都会为其准备桄榔粉带着上路。一旦在异地他乡出现腹泻等水土不服症状，则服用之，症状立消[35]。固然，桄榔粉有它本身的药用价值；但是，对于背井离乡的人来说，桄榔粉显然还是家乡的一个符号，承载着浓浓的亲情和乡愁。

七、结　语

通过对史籍的梳理，我们了解到华南民族对桄榔的利用至迟在汉晋已

经开始,并一直延续至今。由于文字记录的缺乏,我们尚不清楚更早时期的情况。但是,有理由推测人类利用桄榔的历史应该早于汉代。《山海经·海内西经》载:昆仑之虚,方八百里,高万仞。上有木禾,长五寻,大五围。这里的"木禾"当不是稻、粟一类谷物,因为这些作物都没有那么大。"禾"当言其有粉可食,而"木"则意味其形态与一般的禾本科作物相异,而与木本相类。又加上其生长于高山之上,与桄榔之生长环境一致。所以,将其解释为桄榔一类植物似乎比较合理。如果这种推测属实的话,桄榔的利用可以上溯到先秦时期。前人的研究指出,史前时期华南百越民族采集多种野生根茎类植物作为食物的来源[36]。桄榔显然是其中不可忽视的一种。2005 年,英国莱切斯特大学的 How Barton[37]从马来西亚的 Niah 洞穴遗址 4 万年前的地层中发现了棕榈等根茎类植物的微观遗存,为解读这一热带雨林地区古代生计形态和古人类食谱提供了重要信息。我们相信,随着越来越多植物考古工作在华南的开展,有望找到桄榔早期利用的考古学证据。

需要指出的是,桄榔不仅在中国有着悠久的历史,在东南亚其他国家也有长期利用历史,但利用的方式目前不尽相同。如泰国对桄榔的利用主要是用其花序制糖,仅在少数地方剖开茎干取粉,但也不是作为人的食物来源,而是作为猪的饲料[38]。马来半岛南部的 Jakun、Sabimba 等土著族群则和华南民族一样以其茎髓为食[39]。从桄榔的发音来看,我国龙州壮族称其为"dao",泰语中则称为"lang klub"、"nao"、"tao"等。这些语音上的相似性,应该是文化上的同源性的表现。

我们的调查显示,由于过度开采,野生桄榔树正面临枯竭的危险,亟需保护。就在本文写作至此,笔者从龙州的朋友那里得知,我们在龙火山上发现的那棵桄榔树已经被人砍走。只有采取有效措施控制过度砍伐,并大力推广人工栽培技术,才能使桄榔这一古老而又文化内涵丰富的植物资源得到可持续利用。

参考文献

[1] Chantaraboon, A., Burikam, I., Pampasit, S., et al. Method for the economic recovery of Sugar-palm (Tao) (Arenga westerhoutii Griff.) community forests [J]. Sonklanakarin Journal of Science and Technology,2010,32(4):357−362.

[2]广东省植物研究所. 海南植物志(第 4 卷)[M]. 北京:科学出版社. 1997:167.

[3]中国科学院中国植物志编辑委员会. 中国植物志(第 13 卷,第 1 分册)[M].北京:

科学出版社，1991：111—112.

[4]（清）厉荃. 事物异名录[M]. 乾隆四十一年刻本.

[5]（明）李时珍. 本草纲目[M]. 清文渊阁四库全书本.

[6]Mogea，J.，Seibert，B.，and Smits，W. Multipurpose palms：the sugar palm（Arenga pinnata（Wurmb）Merr.）[J]. Agroforestry Systems，1991(13)：111—129.

[7]王勇进，廖启炞. 棕榈科植物桄榔学名的订正[J]. 华南农业大学学报，2001，22（3）：93.

[8]（清）陈梦雷. 古今图书集成[M]. 中华书局影印本，1934.

[9]（清）吴其濬. 植物名实图考[M]. 上海：商务印书馆，1957.

[10]（西晋）张华. 博物志[M]. 清道光指海本.

[11]（西晋）嵇含. 南方草木状[M]. 宋百川学海本.

[12]（清）汪灏. 广群芳谱[M]. 康熙刻本.

[13]（宋）程遇孙. 成都文类[M]. 清文渊阁四库全书补配清文津阁四库全书本.

[14]（东晋）常璩. 华阳国志[M]. 四部丛刊景明钞本.

[15]（南北朝）贾思勰. 齐民要术[M]. 四部丛刊景明钞本.

[16]（宋）李昉. 太平御览[M]. 四部丛刊三编景宋本.

[17]（明）朱橚. 普济方[M]. 清文渊阁四库全书本.

[18]郭松超，孙斌. 桄榔粉对老龄小鼠机能的改善作用[J]. 营养学报，1998(1)：96—98.

[19]（唐）刘恂. 岭表录异[M]. 清武英殿聚珍版丛书本.

[20]（宋）周去非. 岭外代答[M]. 清文渊阁四库全书本.

[21]（南北朝）范晔. 后汉书[M]. 百衲本景宋绍熙刻本.

[22]（宋）唐慎微. 证类本草[M]. 四部丛刊景金泰和晦明轩本.

[23]（清）张英. 渊鉴类函[M]. 清文渊阁四库全书本.

[24]（清）吴继志. 质问本草[M]. 日本天保八年丁酉精刻本.

[25]（宋）黄庭坚. 山谷别集[M]. 清文渊阁四库全书本.

[26]（清）李调元. 南越笔记[M]. 北京：中华中局，1985.

[27]（清）吴之振. 宋诗钞[M]. 清文渊阁四库全书本.

[28]（宋）黄庭坚. 豫章黄先生文集[M]. 四部丛刊景宋乾道刊本.

[29]（宋）李光. 庄简集[M]. 清文渊阁四库全书本.

[30]（宋）王宗稷. 东坡先生年谱[M]. 明天启元年刻东坡诗选本.

[31]（宋）苏轼. 苏文忠公全集[M]. 明成化本.

[32]孙步康. 遥远的桄榔树[M]. 桂林：漓江出版社，1986.

[33]宋艳芬，余永祥. 粉葛的开发利用及主要栽培技术[J]. 安徽农学通报，2002(5)：56,61.

[34]陆祖正，符策，唐君海，陆永林. 桄榔种子测定及发芽试验[J]. 广西热带农业，2004

（1）：5－7.

［35］白满英，李翌晨. 均衡滋补的森林食品——槟榔树［J］. 东方食疗与保健，2007（11）：4.

［36］李根蟠，黄崇岳，卢勋. 再论我国原始农业的起源［J］. 中国农史，1981（1）：21－29.

［37］Barton，H. The case for rainforest foragers：the starch record atNiah cave，Sarawak［J］. Asian Perspectives，2005. 44（1）：56－72.

［38］Pongsattayapipat，R. and Barfod，A. S. Economic botany of Sugar palms（Arenga pinnata Merr. and A. westerhoutii Griff.，Arecaceae）in Thailand［J］. Thai Journal of Botany，2009（2）：103－117.

［39］Dentan，R. K. Potential food sources for foragers in Malaysian rainforest：sago，yams and lots of little things［J］. Bijdragen tot de Taal，Land-en Volkenkunde，1991. 147（4）：420－444.

（原载《农业考古》2015 年第 6 期，收入本书时略有改动，并增加了插图）

第二章

葛的民族植物利用调查

✳ 葛 威

摘要：本文对有关葛的历史文献、考古资料进行综述，并结合民族植物学的田野调查，对葛的利用情况进行了较为全面的梳理。研究表明，葛有可能是人类最早的纤维织物来源。在历史时期，葛有着连绵不断的利用历史。葛曾经是古代中国主要的纺织原料，而葛根作为药用和食用的价值也为各代医书、农书所记录。对葛根粉加工工艺的民族学调查表明，葛根在加工制粉过程中不可避免地残留在有关工具的表面，从而为葛根早期利用的植物考古研究提供了依据。

葛是一种很早就被人类利用的植物。其与人类的密切关系使得它成为中国人口中数量众多的一群人的姓氏。有关葛的记载最早见于中国第一部诗歌集《诗经》，而史前葛布的发现表明其利用的历史应该更早。为了全面认识葛这种植物在人类历史中的重要性，有必要开展相关的民族利用调查和文献研究。本文首先综述葛在植物分类学、药学等方面的研究，再结合历史文献及民族学资料，梳理葛在人类生活中的价值，以期尽可能全面重建葛的利用并为淀粉粒考古研究提供参照。

一、葛的生物学

葛（*Pueraria lobata*）是豆科葛属的藤本植物。根据《中国植物志》的记载[1]，葛全体被黄色硬毛，茎基部木质，有粗厚的块状根。其叶为三出复叶，小叶三裂,偶尔全缘,顶生小叶宽卵形,先端长渐尖;侧生小叶斜卵形,稍小,被淡黄色、平伏的柔毛。葛对环境的适应性非常强,产我国南北各地,除西部高原以外,全国都有分布,生于山地疏或密林中。

这些由当代植物分类学家所记录的葛的形貌特征,也反映在中国的古籍中。吴其濬[2](1789—1847)是生活在清代中期的著名学者。他出身固始的一个官宦之家,是清代河南唯一的状元,官至翰林院修撰,却醉心于植物学研究。在其植物学集大成之作《植物名实图考》中,吴将葛归入蔓草类。在吴出生之前,瑞典人林奈在1753年发表了他的生物分类系统,这一分类系统根据花和果实的相似特征进行分类,一直沿用至今。吴的分类系统可以说是综合了前人的各种分类法,但仍然没有超出传统的限制,那就是分类标准的混乱。"谷类"和"蔬类"的区分着眼于对人类的价值,而"山草类"和"水草类"又着眼于植物的生境;至于"毒草类"和"芳草类"则又以对人的有害性相区分。分类标准的不统一是其一大缺陷。而在这样的混乱当中,也有偶尔的可取之处。比如"蔓草类"的划分就是依据形态的特点。仅凭茎的形态固然不能科学地将所有茎蔓植物划为一类,但是这样的依据与林奈的系统多少有些契合。

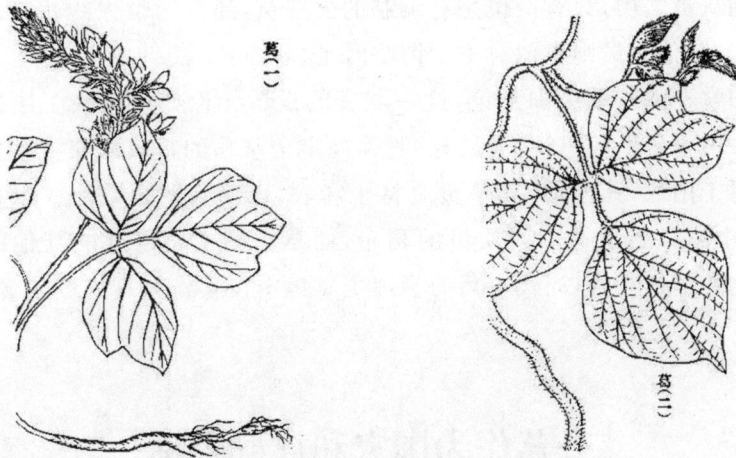

（左为种植葛,右为野生葛）

图 2-1 《植物名实图考》中不同种类葛的形态比较

在《植物名实图考》中,吴并没有过多描述葛的形态,而以较多的笔墨介绍葛藤的采集和葛布的制作工艺,其实用主义的倾向非常明显。值得注意的是,吴提到葛有"种生"和"野生"两种,而且通过两幅图表现了它们的形态差异。野葛有毛(图 2-1 右),而种植的葛无毛(图 2-1 左),这表明人类对葛有过长期的驯化过程,长期的生殖隔离已经造成了形态上的明显分化。

除了将野生葛与种植葛进行区分外,《植物名实图考》中还记载了葛的地理分布情况:无论燕、豫、江西、湖广,皆产葛[2:540]。这与《中国植物志》中所言葛在全国绝大部分省份都有分布是一致的。

二、先秦时期国家对葛的管理

葛首先是一种植物,这种植物因为具有比较重要的经济价值,对它的管理就纳入了政府行为中。在周代,设立了专门管理葛的行政人员,称为掌葛。《周礼·地官司徒第二》载"掌葛,下士二人、府一人、史一人、胥二人、徒二十人。"[3:17]。从其人员配备来看,掌葛属于行政级别较低的下层官员。下士主要起到辅佐的作用。府是负责保管文书和财物的办事员,史负责写文书,两者都是平民身份。徒是从平民中征调来役使的勤杂人员,胥则是徒的小头目,每个胥统领 10 名徒[4:1—10]。比照当代行政人事制度,可以看出,在掌葛的从员之中,只有两位是有编制的公务员,还有两位大约相当于招聘的合同工,其他人员则类似时下所谓临时工。

抛却掌葛的行政级别不论,这一职官的设置无论如何反映了国家层面对葛这一植物资源的重视。《周礼》明确规定了掌葛的行政职权:"掌以时征絺绤之材于山农,凡葛征,征草贡之材于泽农,以当邦赋之政令。以权度受之"。其中的絺绤是指不同质量的葛布,而草贡则指葛以外的其他纤维资源。从这些描述来看,周代对葛的管理主要集中在其作为纤维的来源,而不是食物。

三、葛作为国家和族群名称

葛姓是一个古老的姓氏,在宋代编写的《百家姓》中列第 44 位[5]。据统计,葛姓人口在当今中国约 150 万,人口数在所有姓氏中排名第 120 位,约占总人口的 0.12%[6]。东晋著名医者兼炼丹家葛洪在其《抱朴子》外篇的自叙中说自己的先祖是葛天氏,"盖古之有天下者也,后降为列国,因以为姓焉"[7]。

葛国一般指夏的一个小国,其君为葛伯。夏末成汤借口葛伯不祀而对其进行征伐[8:卷三],并进而征服了天下。葛国的地望大约在今河南宁陵县。葛国的分封原由不得而知。不过,从葛在全国普遍分布的情况而言,应该不是因为该地盛产葛。有关葛姓更早的先祖葛天氏的传说似乎指出了葛姓与这一植物的关系。按照这种说法,葛天氏正是因为发明了葛藤纤维织布和葛根粉为食而得名,正如有巢氏和神农氏那样[9:239-245]。

古史传说和历史记载难免具有某种程度的不确定性,但也从某个维度反映了一些有关古人类生活的真实信息。对于先秦时期的人们来说,葛在其日常生活中的重要性是不言而喻的。尽管葛国的所在地不一定与葛的生产直接相关,但这一姓氏的来源肯定与葛的利用多少有些关系。

四、对史前葛遗存的检讨

人类对葛的最初利用肯定早于古史传说。史前葛的利用情况由于缺乏文字记载而需要依靠考古发掘。然而,像葛布或葛根粉这类有机物,并没有太多的机会能够保存下来。文献所见考古材料只有葛布遗存,为南京博物院所发掘江苏吴县草鞋山遗址出土。该遗址于 1972—1973 年间进行第一次发掘时在马家浜文化层(6000 BP)中发现三块炭化的纺织物残片[10]。据发掘者报告,这些纺织物遗存为绞纱罗纹结构,其经密约为 10 根/厘米,纬密在罗纹部约为 27 根/厘米,地部约为 13 根/厘米。经上海市纺织科学研究院和上海市丝绸工业公司鉴定,认为其"纤维原料可能是野生葛"。这个鉴定结论还是比较保守的,但是保证了它的科学性。因为鉴定包括了两部分内容,一是区分葛纤维与麻、棉等纤维;二是区分种植葛与野生葛。如果说第一部分的困难还可以克服的话,那么种植葛与野生葛的区分恐怕更加不易。因为这不光是一个技术问题,还牵涉到驯化的有关理论探讨。目前认为,植物的驯化是一个长期的过程,在驯化的初期,植物的形态与其野生型很相似,并不容易区分。前文提到清代对葛的种植型与野生型的区分,但那已经是驯化完成之后的事了。有关葛的驯化史的研究实际上是缺乏的,于是对野生葛的鉴定也就只能是推测了。

笔者注意到,原报告中并没有提供纺织物纤维遗存的清晰显微图片,也没有提及分析鉴定的方法和依据。对于这样一个连鉴定者都不太确定的结论,实在不应该当作史前葛遗存的确切材料。即使需要引用这则材料,也应说明鉴定的真实情况。但是,很多后来的研究者都直接把它当作葛的遗存来对待了[11-15],这显然不符合事实。此外,对于这么重要的遗存,除了在鉴定上要言之有据,还应进行直接测年。无论如何,我们必须承认,尽管草鞋山的纺织物遗存有可能是葛布,但鉴于目前缺乏鉴定的确切资料,对其属性只能存疑。

五、葛的经济价值

人类对葛的利用主要在于其三方面的价值。一是作为食物,二是作为纺织材料,三是作为药材。

葛见于文字记载最早是作为纺织的材料。《诗经》中的《葛覃》篇唱道:"葛之覃兮,施于中谷,维叶莫莫。是刈是濩,为絺为绤,服之无斁"。表达了妇女看到葛藤长势茂盛的喜悦心情。同时,也留下了当时利用葛草织衣的技术概况:收割和水煮看来是必须环节。而絺和绤则显示当时葛布已有质量的差别。又见于《采葛》篇:"彼采葛兮,一日不见,如三月兮。"看来采葛是当时一项重要活动,需要花费时间和精力进行采集,也使得人们不得不面对短暂的离别。

葛根可以做粉食用,在古籍中记载较多。元代《王祯农书》备荒论中针对不同的生存环境提出了应对饥荒的不同策略,其中"栖于山者有葛粉、蕨萁蒟蒻橡栗之利"[16:卷三十六谷谱十]。葛粉还有一种神奇的功效,那就是解酒。北宋药学家唐慎微[17:重修政和经史证类备用本草卷八]《证类本草》记载葛根的食疗作用:葛根蒸食之消酒毒,其粉亦甚妙。这已经为现代医学所证实。研究表明,葛根粉之所以能够解酒,主要是其提取物中含有一种称为葛根素的黄酮类活性成分,该成分对于解酒和对抗酒精性肝损伤均具有显著作用[18]。

至迟在唐代,葛已经纳入政府的征赋系统。在杜佑的《通典》中,葛与纸、蜡一样成为很多郡进贡的条目,类似"贡葛十疋"和"贡葛粉二十石"这样的记载较常见,表明当时对葛的利用既包括葛粉也包括葛布[19]。

古籍中记载最多的是葛根作为药用的价值。葛根汤最早见于汉代张机的《金匮玉函经》:太阳病无汗,而小便反少,气上冲胸口,噤不得语,欲作刚痉。葛根汤主之[20;卷二]。葛根汤的配方各代医书中大同小异。张机的配方为：葛根四两，麻黄、生姜各三两，桂枝、芍药、甘草各二两，大枣 12 枚。另有"葛根半夏汤"是在葛根汤方内加入半夏半升，用于治疗呕吐[21]。孙思邈所载葛根汤主治四肢缓弱、身体疼痛及妇女产后中风等，其配方中加入了干地黄和羌活，删去了大枣。其方为：葛根、芍药、桂心、干地黄、羌活各三两，麻黄、甘草各二两，生姜六两。李时珍[22]在《本草纲目》中对葛的名称、形态、采集季节、制粉方法及药用价值等进行了详细叙述。李时珍对前人的葛根汤进行了加减，以应对各种不同的病症，包括伤寒、头痛、妊娠热病、预防热病、辟瘴不染、烦燥热渴、小儿热渴、干呕不息、小儿呕吐、心热吐血、衄血不止、热毒下血、热筋出血、金创中风、服药过剂、酒醉不醒、诸药中毒等。综合来看，葛根的药用价值大约包括了治疗各种伤寒、疼痛、出血、热病、呕吐以及解毒等。

六、葛的民族利用调查

我国野生葛资源面积极广，据统计全国有两千万公顷[23]。笔者在江西、安徽、河南、浙江、福建等地野外工作中均目见野葛分布。目前，栽培的粉葛主要产自江西和两广地区[24]。其中，江西的葛资源开发历史悠久，负有盛名。在清人刘斯枢[25]的《程赋统会》中列出广信府的六种土产：苎麻、葛粉、藕粉、建莲、香菰和官纸。吴暻的《左司笔记》所录信州上贡清单中有"葛粉十斤"的记载。清代广信府辖上饶、玉山、广丰、弋阳、贵溪、铅山、兴安等县，府衙在今上饶市信州区。这表明江西北部在清代就以特产葛粉著称，并且作为赋税的一种进行征收。目前，江西的宜春、上饶、赣州等地的葛资源种植和加工已经形成规模化产业。2011 年秋，厦门大学 2008 级考古专业本科生在江西宜春市靖安县水口乡老虎墩新石器时代遗址开展实习工作，笔者在参与实习教学过程中了解到当地保有采集葛根的传统，遂进行了有关调查。

笔者的调查主要围绕靖安县水口乡，此地位于四面环山的盆地中央，北潦河的支流南河从此流过。水口乡的路边、田头及山坡均分布着野葛（图 2-2）。

古时候的葛根采集已经非常讲究时节。《本草纲目》记录了两个采集葛根的时间,一是在"五月五日午时"采,一是"冬月"[22]。根据现代植物学的研究,葛根在秋冬季霜降落叶后含粉最多,是采集的最佳季节[23]。如果等到来年夏天再挖,经过冬天和春天的消耗,淀粉含量势必大大减少。所以,从出粉量考虑,应该是在"冬月"采比较合适。我们在水口调查时,正值 11 月中旬,已经霜降,村民也已经开始了每年例行的挖葛活动。

图 2-2　靖安县水口乡邓家村南生长在稻田边的野葛

通过访谈当地居民得知,现在当地对野葛的利用主要是挖根制粉出售,价格约为 30 元/千克。我们在水口村东边的一条乡级公路边的杨树下发现一棵野葛。由于该野葛的根深入路基之下,挖取不易,在当地村民湛师傅等人的协助下,用了将近两个小时才挖出。湛师傅每年都会采集野葛制粉。我们将挖取的野葛根带到他家中做进一步处理。

李时珍[22]在《本草纲目》中简述了野葛制粉法:"取生葛捣烂,入水中揉出粉,澄成块。"这基本上概括了传统方法提取葛粉的主要步骤。出于质量控制的要求,完整的制粉工艺包括了清洗、去皮、捣碎、过滤、沉淀和晾晒等必要的步骤[23]。湛师傅的方法与此相类。首先,我们将挖取的葛根进行清洗,去除表面泥土;然后切成小段并剖成小块;之后将小块置于石臼中捣碎;再将捣碎的葛根块放入盛满水的盆中掏洗,以使葛根中的纤维与淀粉分离,淀粉因此而溶入水中;再用纱布将水溶液过滤,纤维留在纱布上,淀粉溶液流入盆中。最后,经过约一天一夜的沉淀,淀粉沉到盆底,将上层清水倒去,再晾干即得葛根粉(图2-3:1~8,图2-4)。其中,从清洗到沉淀这些步骤可以在几天之内完成,而晾干则依天气好坏不定。在天气晴好的情况下,经过2~3周的晾晒即可制得干葛粉。

1. 清洗 2. 切块 3. 捣碎 4. 捣碎用的木杵(为了减少磨损,在端部钉入铁钉) 5. 捣碎后的葛根团块 6. 洗脱 7. 过滤 8. 沉淀

图2-3 谌师傅的葛根粉制作流程

在处理葛根的过程中,谌师傅动情地回忆了他们家与葛根的故事。那是20世纪50年代末60年代初,由于众所周知的自然灾害事件,中国各地都闹饥荒,谌师傅家也未能幸免。由于家里粮食(大米)非常少,谌师傅的母亲舍不得自己吃,全部都留给年幼的谌师傅吃。而谌师傅的母亲之所以能够在饥馑中幸免,多亏了遍布山野的葛根。想到母亲为了自己四处挖葛根的场景,谌师傅潸然泪下。最后,他说:我的母亲没有饿死,真是要感谢这些野葛呢!至此,我们才知道王祯所言葛根备荒并非虚言。在饥荒之年,葛根不

必经历复杂的制粉过程，只需切成块煮熟即可食用，这在《本草纲目》中也有记载：生葛根煮熟作果。甚至可以生吃，如《植物名实图考》所说：赣南以根为果，曰葛瓜，宴客必设之。这里把葛根叫作瓜，看来有可能是生吃的。

图 2-4　葛根粉的晾晒及最终制得的葛粉

　　葛根粉在晾干以后，要贮存在干燥的地方，防止发霉。关于葛根粉的食用方法，《本草纲目》中是这么说的：入沸汤中良久，色如胶；其体甚韧；以蜜拌食捻入生姜少许尤妙。水口人食用葛根粉的方法与《本草纲目》中的记载相似，以冲葛粉糊为主。好的葛粉糊要求淀粉糊化均匀，不然会有面疙瘩，影响口感。所以，要冲出高质量的葛粉糊需要一定的技巧。一种比较稳妥的方法是先将葛粉用适量凉开水溶解，充分混匀之后再加入沸腾的开水，迅速搅拌均匀，即得一碗晶莹剔透、散发着清香的葛粉糊。正如《本草纲目》所言，当地人也会加入一些糖或蜂蜜以改善风味。

七、结　　语

　　本文通过历史文献综述、考古资料和田野调查对葛的利用情况进行了考察。研究表明，葛有可能是人类最早的纤维织物来源。在历史时期，葛有着连绵不断的利用历史。葛曾经是古代中国主要的纺织原料，而葛根作为药用和食用的价值也为各代医书、农书所记录。葛根中富含淀粉。对葛根粉加工工艺的民族学调查表明，葛根在加工制粉过程中需要切割、捣碎、过滤等环节。在这些加工过程中，葛根的淀粉粒不可避免地残留在有关工具的表面。葛根埋藏较深，挖掘过程很难徒手完成，非借助工具不可。在史前,这些挖掘工具可能是砍砸器、石斧等。所以,即使是将葛根直接食用,或烹煮后食用,不经过制粉的环节,其挖掘过程还是会在工具的表面留下一些淀粉残留物。这样,我们就有望通过石器表面的残留物分析找到史前人类利用葛的线索。

参考文献

[1]中国科学院中国植物志编辑委员会.中国植物志(第41卷)[M].北京:科学出版社,1995.

[2]吴其濬.植物名实图考[M].上海:商务印书馆,1957.

[3]崔高维[校点].周礼[M].沈阳:辽宁教育出版社,1997.

[4]吕友仁.周礼译注[M].郑州:中州古籍出版社,2004.

[5]李牧华[注解].百家姓[M].兰州:甘肃人民出版社,1991.

[6]马世之.葛天氏传说的初步分析与考古学观察[J].黄河科技大学学报,2012,40(6):28-30.

[7](晋)葛洪.抱朴子外篇.卷五十[M].四部丛刊景明本.

[8](汉)司马迁.史记.卷三[M].清乾隆武英殿刻本.

[9]何光岳.秦赵源流史[M].南昌:江西教育出版社,1994.

[10]南京博物院.江苏吴县草鞋山遗址[J],文物资料丛刊,文物编辑委员会,北京:文物出版社,1980:1-24.

[11]张之恒.江苏史前考古的发现和研究[J].东南文化,2006,2:002.

[12]林锡旦.试论史前吴地文化之影响[J].江南大学学报(人文社会科学版),2010,9(3).

[13]彭世奖.岭南人与衣用纤维植物的开发利用(下)[J].岭南文史,1992(2):008.

[14]郝鸿江,于伟东.杭罗织物及组织的出现与演变[J].丝绸,2015,52(5):59-65.

[15]沈莲玉,周启澄.中国西周以前织物素材、结构和织具的研究[J].中国纺织大学学报,1996(2).

[16](元)王祯.王祯农书[M].清乾隆武英殿刻本.

[17](宋)唐慎微.证类本草[M].四部丛刊景金泰和晦明轩本.

[18]周吉银,周世文.葛根总黄酮及葛根素解酒的药理研究进展[J].中国医院药学杂志,2007,27(9):1280-1282.

[19](唐)杜佑.通典卷六食货六[M].清武英殿刻本.

[20](汉)张机.金匮玉函经[M].清康熙刻本.

[21](明)陶华.伤寒六书[M].卷二.步月楼刻本.

[22](明)李时珍.本草纲目[M].卷十八上.清文渊阁四库全书本.

[23]邵先墙.大有开发前景的野生葛资源[J].中国林副特产,1993(4):42-43.

[24]邹宽生.入世后江西葛产业发展现状及对策措施[J].农村经济与科技,2004,15(4):16—17.

[25](清)刘斯枢.程赋统会(卷四)[M].清康熙刻本.

第 三 章

擂茶风俗的民族植物利用调查

※ 葛 威

摘要：本文对主要分布于我国东南地区的擂茶风俗进行了多学科综合考察。基于历史文献和民族学资料的调查显示，现代意义上的擂茶至少可以追溯到元代。对擂茶原料的民族植物学考察表明，其制茶原料中包含多种植物成分，具有一定的地域性特征。擂茶尽管存在于不同的民族之中，但其在客家人中的传承最富有族群符号的意义。考古学资料显示擂茶与史前及历史时期出土的刻槽盆或许有某种联系。本研究为深入探索擂茶的早期利用提供了参考。

擂茶是分布于我国湖南、江西、福建、广东、台湾等地的一种特殊风味的饮料。一般的茶饮料，虽然由于制作工艺的不同分为红茶、绿茶、白茶等品种，但其原料仍是只有山茶科山茶属（*Camellia spps*）的植物叶片。擂茶的特殊之处在于它混合了好几种植物原料，又通过一定的工具制作，现做现饮，所以极具民族特色。本文首先检阅历史文献中有关擂茶的记载，追溯其历史。再考察不同地区现存擂茶工艺的制作原料和工艺，探讨其发展现状；最后报告笔者在福建将乐开展的有关擂茶工艺中涉及的植物利用调查情况，并讨论擂茶风俗背后的民族学与考古学意义。

一、擂茶的历史文献研究

擂茶的雏形可能早在汉代就有了。在湖南西部桃源地区的民间传说

27

中,擂茶起源于一种叫作"五味汤"的药膳。西汉末年著名军事家马援南征时路过桃源,将士多染瘟疫,马援自己也因病不起。当地人献此汤给三军服用才使疫病得治,后来马援将士又回到各自故乡从而促进了擂茶风俗的传播[1]。《后汉书》中确有关于马援征五溪蛮夷的记载,时年马援已经六十二岁,依然精神矍铄,只是在征途中到达武陵(今常德地区)一带染病身亡了[2]。所谓桃源人献汤治病的故事应该是后人附会。

有关擂茶的历史文献记载并不是特别多。南宋词人洪适有句云:何日寻春携漉酒,有时留客试擂茶。这可能是最早的关于"擂茶"的记载,但由于缺乏擂茶成分和工艺的介绍,故不能明确此"擂茶"是否就是后世留传至今的这种擂茶。南宋末年,吴自牧撰《梦粱录》记叙临安的风土人情,其中有"擂茶"的记载[3]:"汴京熟食店张挂名画,所以勾引观者留连食客。今杭城茶肆亦如之,插四时花,挂名人画,装点店面。四时卖奇茶异汤。冬日添七宝擂茶、馓子葱茶,或卖盐豉汤;暑天添卖雪泡梅花酒或缩脾(脾)饮暑药之属。"此段中"馓子葱茶"有学者断为"馓子"和"葱茶",当作两种食品来理解[4],笔者以为可能有误。因为前面作者说了茶肆中卖的是奇茶异汤,所以"馓子葱茶"应该理解为一种"奇茶",这样与前面的"七宝擂茶"以及后面的"雪泡梅花酒"就可以呼应了。否则的话,"七宝"和"雪泡"也可以拆开来单独理解为小吃。吴的同时代人周密的《武林旧事》也以南宋时临安风土为题材,他在介绍临安的粥时列出了这些名目:七宝素粥、五味粥、粟米粥、糖豆粥、糖粥、糕粥、馓子粥等[5]。不难看出,"七宝"和"馓子"都是"粥"的配料,并且粥因为配料的不同而有了区分。是故,它们都作为茶的配料也是顺理成章的事。"葱茶"本身当然是一种独立的饮品,"馓子"也是一种独立的小吃。但葱茶中加入馓子也是非常正常的,这就好比北方人习惯在稀饭中加入油条是一样的。否则的话,馓子这种脆而干的固态油炸食品出现在一列茶中,更难以理解。

然而,七宝"擂茶"的成分仍然没有明确说明,其与后世擂茶的关系也就不得而知了。

笔者所见确切记载擂茶原料及工艺的文献为元代的《居家必用事类全集》。在该书之巳集中提到"诸品茶",其中有"擂茶"条:

　　(擂茶)将芽茶汤浸软,同去皮炒熟芝麻擂极细。入川椒末、盐、酥油饼再擂匀细。如干,旋添浸茶汤。如无油饼,斟酌以干面代之。入锅煎熟,随意加生果子片、松子仁、胡桃仁。如无芽茶,只用江茶亦可。[6]

从这些记载不难看出,这里的擂茶无论是原料还是制作方法都已经与现代的擂茶大同小异,可以视为擂茶的最晚出现年代。也就是说,从文献记载来看,至迟在元代擂茶风俗已经成型了。至明时,经学家孙绪[7]在其诗《擂茶》中咏道:

何物狂生九鼎烹,敢辞粉骨报生成;

还将西蜀先春味,卧听南州隔竹声;

活火乍惊三昧手,调羹初试五侯鲭;

风流陆羽曾知否?惭愧江湖浪得名。

又有张泰[8]诗《邵民部席上饮擂茶》云:

小雷随碾破春芽,细浪鸣瓶跃乳花;

一勺精华分月露,满腔风味饱云霞;

主人遗世游恬淡,大道还淳去泰奢;

中宴从君领高意,醉乡翻入太清家。

从这些文学作品中可以看出,明代时擂茶已经成为南方地区广为熟知的一种茶品,并且被诗人们赋予了一定的人格意味。到了清代,段汝霖[9]在《楚南苗志》中记录湖南苗族风物时提到当地过春节的习俗:元旦晨起擂茶敬祖,初二三男妇行亲友家名曰看亲。看来这里跟北方初一吃饺子不同,大年初一早上吃的是擂茶。其中在"擂茶"下有一行小字,说明了擂茶的原料和方法:"荣萸芝麻茶叶,用瓦器擂碎,兑水为擂茶。"这些记载已经与现代湘西地区擂茶几乎完全吻合[1],说明擂茶风俗在湖南确实由来已久。

二、擂茶的原料及其植物学

各地擂茶的原料存在一些共性,但也各具地方特色。据报道,江西赣南地区的擂茶以茶、芝麻和姜片为主要原料。同时,不同季节可加入不同的配料。茶叶、芝麻和姜做成的擂茶主要食疗功能是健脾、暖胃、祛寒等。加薄荷叶可增加去湿热功效,适合春夏饮用;加菊花、金银花则可增加凉性,适合干燥的秋季饮用;加陈皮、肉桂以及增加姜片的份量可提高温性,增强去寒功效,适合冬季饮用[10]。湖南中部的梅城(今安化市)食用擂茶也有悠久历史,号称"擂茶之乡"。据载,该地擂茶主料包括茶叶、炒花生和芝麻。又可添加绿豆、生姜、胡椒、玉米、豇豆等配料而成不同品种的擂茶,以达到消暑、驱寒、充饥等不同目的[11]。广东省东部的陆河县山区群众也有饮擂茶的习俗,其原料以茶叶、熟花生和芝麻为主,擂成茶后再加入炒米花、葱、青菜等一起吃[12]。另有人记载台湾客家人擂茶原料仅以茶叶和花生为主,外加一种叫做九层塔的香料植物[13]。需要指出的是,擂茶是一种咸茶,盐自然是所有配方中不可缺少的。

总的来说,虽然各地的擂茶原料存在一些差别,但植物性基本成分大概不外如下几类:(1)主料:包括茶叶、芝麻和花生,这些成分是"擂"的最初对象,是最核心的成分,其中芝麻和花生或共用或仅用其一;(2)芳香成分:包括姜、薄荷叶、胡椒、九层塔、茱萸等,这几种成分主要提供芳香的风味,但不是必需的,而且添加的工序也不固定;(3)粮食成分:包括各种豆类、玉米、大米等,增加了擂茶营养成分中碳水化合物的含量,使其充饥的色彩更浓。从文献检索来看,以湖南和广东加炒米花和各种粮食粒为多,这或许是一些地方把擂茶的食用方式称为"吃"而不是"喝"的原因[14]。

在这些原料植物中,茶的植物学研究可谓汗牛充栋,此不赘述。下面透过植物学与药学的研究粗略探讨茶以外的几种擂茶原料的作用及食疗价值。

芝麻(*Sesamum indicum*)又称脂麻,是胡麻科胡麻属一年生草本植物[15]。现代医学研究表明,芝麻种子富含亚油酸、多种维生素和矿物质,具有护肝、补肾、润肠、安神等功效。其有效成分之一芝麻素具有很强的抗氧化作用,有助于降低血清中的胆固醇含量和稳定血压[16]。

花生(*Arachis hypogaea*)又称落花生,是豆科落花生属一年生草本植物。据《中国植物志》记载,花生原产中南美洲,晚至 16 世纪才从华南沿海传入中国[17]。花生富含不饱和脂肪酸、植物固醇、多种维生素,具有健脾胃、保护心血管、降低胆固醇的功效[18]。

姜(*Zingiber officinale*)是姜科姜属植物,其根茎肥厚,多分枝,有芳香及辛辣味。姜的药用形式有多种,包括生姜、干姜、炮姜和姜炭等。擂茶所用为生姜,含有多种挥发性和辛辣成分,包括姜辣醇和姜辣烯酮等。姜的提取物具有抗血小板凝集、降血脂、抗动脉硬化、保护胃黏膜等作用[19]。

薄荷(*Mentha haplocalyx*)是唇形科薄荷属植物,为多年生草本。薄荷的幼嫩茎叶可作菜食,全草可入药。作为中药,其味辛,性凉,用于治疗风热感冒、头痛、咽喉肿痛、口舌生疮等及一些皮肤病。薄荷叶中的有效成分包括薄荷醇等挥发性的油,以及黄酮类和一些羧酸类活性物质,具有兴奋中枢神经、扩张毛细血管、发汗以及抗炎镇痛等作用[20]。

胡椒（*Piper nigrum*）是胡椒科胡椒属的木质攀援藤本。其果实含胡椒碱和少量挥发性油，是常用的调味剂，具有增进食欲，温胃散寒的功效[21]。

九层塔是唇形科罗勒属植物罗勒（*Ocimum basilicum*）的别称，华北地区常说的香草和荆芥也是同一种植物。罗勒与蒲荷相类，其茎叶花穗都含芳香油，其全草可入药，嫩叶可食，具有驱风、发汗、健胃之效，用于治疗胃痛、胃胀、消化不良、腹泻等消化道疾病，以及风湿和多种皮肤病[22]。

前文提到，《楚南苗志》中和现代民族学资料都显示湘西的擂茶成分中有茱萸。古籍中的茱萸指代不明，将山茱萸（*Cornus officinalis*）和吴茱萸混淆在一起。山茱萸是山茱萸科山茱萸属植物，其药用部分为果实，称为萸肉，味酸涩，性微温，有补肝肾止汗的功效[23]。而吴茱萸（*Evodia rutaecarpa*）是芸香科吴茱萸属植物，全株含挥发性油，其叶气味浓烈，性辛热。经中药学者考证，唐代王维诗句"遍插茱萸少一人"中的茱萸应该是吴茱萸，因其气味辛辣，有芳香辟秽之功[24]。考虑到山茱萸不具备辛辣芳香的特点，笔者判断湘西擂茶成分中的茱萸当为吴茱萸，它的功效应该跟姜、胡椒等类似。

擂茶中添加的粮食成分以大米、玉米等谷物为主。这些谷物富含淀粉，是当地人日常生活中的主食。与前述元代擂茶中添加油饼或面粉的做法差不多，在擂茶中加入粮食成分可以增加热量，以用于充饥。

三、擂茶制作工艺

擂茶的制作工艺可以分为工具和技艺两部分。擂茶的工具一般称为"擂茶三宝"，包括擂钵、擂棍和捞子[10]。擂钵为陶制品，口大底小，类似小型陶缸，其内壁从底部向口沿密布刻划的沟槽。擂棍又称擂槌，其形制类似习见的擀面杖，多用山茶属的茶（*Camellia sinensis*）、油茶（*Camellia oleifera*）的树干制成。捞子是细竹篾编织成的勺子，又叫捞瓢[25]。擂茶时，将各种原料放入钵内，用擂棍在钵内按一定方向研磨，再用捞子过滤碎渣，得到糊状的茶泥。之后冲入开水，即为擂茶。有的不用捞子过滤，也有的在开水冲泡以后再行过滤[26-28]。

从擂茶制作的整个过程来看，主要的作用在于将各种植物原料磨碎，以便各种药用、芳香成分在开水冲泡下充分溶解、混匀。笔者认为,擂茶这一民俗的核心要素在于它的加工工艺。在擂茶的原料中,即使将除了茶叶以外的所有的原料都删除,擂茶的名称仍然可以保留。但是,反过来,如果不用擂钵进行原料的研磨,而改用其他方式(比如冲泡)将同样的原料制作成饮品,成分虽未变,却不能称为擂茶。

四、福建将乐擂茶体验

福建省三明市将乐县保存有较浓厚的擂茶风俗,并且发现了被认为是专门烧制擂茶具的古代窑址[29]。2012年9月,笔者赴将乐考察了当地擂茶的制作工艺以及相关的考古遗存。

将乐县擂茶习俗因历史悠久且传承较好而被列入福建省"非物质文化遗产名录"。在该县文化馆内,笔者观摩了传承人所演示的擂茶工序。其使用的擂钵为一直径约40厘米的厚壁酱釉陶器,内壁刻密集沟槽,口沿处有流(图3-1,图3-2)。擂钵置于一个粗壮的木桩上,木桩中央挖空,其深度大约是擂钵高度的一半,擂钵刚好嵌入其中。木桩的高度大约1米,适合成年人站在旁边操持擂棍。

图3-1 将乐文化馆用于制作擂茶的擂钵

擂钵和擂棍先进行清洗。所使用的原料比较简单,包括绿茶叶、芝麻粒和一种叫做鸡爪草的新鲜中草药茎叶。鸡爪草又叫凤尾草,实为凤尾蕨科

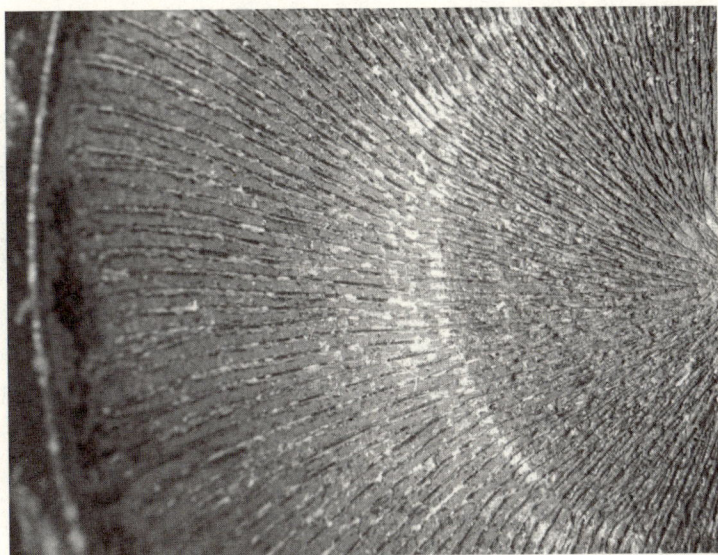

图 3-2　将乐文化馆擂钵内壁上的刻槽

图 3-3　擂茶所用中草药之凤尾草

（摄于武夷山城村 2016 年 6 月）

凤尾蕨属植物井栏边草（*Pteris multifida*），是一种蕨类植物，常见于墙壁、井边等潮湿处（图 3-3）。井栏边草全草可入药，其性凉，有清热利湿、解毒凉血之效[30]。在擂茶中加入中药，使其兼具食疗价值，井栏边草的作用虽与前述各种芳香植物不同，但其意义是一样的。

擂茶者将绿茶叶先行冲泡，使叶片舒展开。再将新采摘的井栏边草洗净，与茶叶一起放入擂钵中碾磨成稀糊状（图 3-4）。之后，将泡湿的芝麻放入擂钵中。可以看出，相对于茶叶和井栏边草，芝麻的量较多（图 3-5）。继续用擂棍进行研磨，直到所有原料混匀并被碾成黏稠的湿粉状（图 3-6），整个过程大约持续 20 分钟。由于这一过程中原来浸泡各种原料所带进的水分逐渐蒸发，磨碎的粉状原料都黏附在擂钵内壁及擂棍上，

图 3-4　擂茶工序：捣碎茶叶和凤尾草

所以"擂"的动作实际上不光是要贴壁用力旋转，还包括要不时敲击钵底及钵壁，以使原料从擂棍上掉落。擂茶不光是技术活，也是体力活。笔者尝试擂了一会儿，颇感力不从心，不得要领，没过多久便气喘吁吁。这时，有人提来了一壶刚烧开的水，沿着钵壁和擂棍徐徐浇下，将壁上和擂棍上黏附的茶泥全部冲到钵底。刚开始的时候，擂钵内的茶浆是黏稠的；随着开水的持续加入，另一人不断搅动擂棍，茶浆逐渐稀薄，变成了清亮微黄的液体，在擂钵内晃动自如（图 3-7）。总共加了三壶水，擂茶终于大功告成。

图 3-5　擂茶工序：放入泡湿的芝麻

图 3-6　擂茶工序:碾磨茶料

(左:添加第一壶水;右:添加第二壶水)

图 3-7　擂茶工序:开水冲泡

　　接下来是饮擂茶。有别于附近宁化地区擂茶时加入复杂而繁多的原料,将乐擂茶原料较少,制得的擂茶清汤清水,所以称为清水擂茶[29],这样的擂茶显然不能"吃",只能用饮或喝的方式来服用了。主人用一把塑料瓢从擂钵中舀出一瓢擂茶,再分盛到瓷碗中,端到客人面前,稍稍冷却,即可饮用(图 3-8)。

　　这一碗擂茶香气四溢。观其色,乳白中有淡淡的黄和绿。白色显然来

图 3-8　冲泡好的擂茶

自芝麻,而黄绿则是茶叶和草药所赋予的色彩。本以为加入了那么大量的芝麻,或许喝起来会太腻;呷一口,却是清香而爽口,沁入心田,竟丝毫没有油腻的感觉。一碗下肚,仿佛浑身都浸润了那种清香,真是妙不可言,就想着再来一碗。那次考察已经过去了快四年,当初饮擂茶的畅快与奇妙仍然清晰地印在脑海中。

五、擂茶的社会功能:客家人的自我认同符号

在将乐饮擂茶的体验让笔者亲身感受到了擂茶的魅力。对擂茶分布地区和人群的了解也促使笔者对这一风俗的社会功能进行思考。严格地说,擂茶并不是客家人独有的风俗,它在一些地区的畲族、苗族、土家族等人群中也有发现[31-33]。但是,客家擂茶的食用形式最为多样、传承最为地道而且分布地域最为广泛,使其成为客家人鲜明的族群符号。

客家人是指主要聚居在我国南方闽粤赣交界山地的汉族人群,被称为汉民族中的"吉普赛人"[34]。罗香林在20世纪30年代最先以"民系"来建构客家人群,对客家人的来源进行了富有开创性的研究[35]。鉴于民系概念所赖以建立的"民族"概念尚有许多有待讨论的问题,学界正越来越多地使用"族群"这一相对自由的术语开展有关研究[36,37]。王明珂排除语言、体质等客观因素,将族群定义为一个人群的主观认同,并且通过历史记忆来维系这种自我认同[36:43-45]。正如民族被描述为"想象的共同体"那样[38],族群也正

在被越来越多地赋予想象的色彩。客家人并没有特别的体质,其活动空间也没有局限于某一处地方,这一族群的自我认同显然更多地来自于想象。

所谓民族食物,更是建立在对他者食物的想象基础之上[39]。王雯君对台湾北部地区客家人分布密集的竹苗地区开展了问卷调查,来分析客家人的族群意象。其题目为:"您觉得客家文化的特色是什么?"所设计的选项包括性格、习俗、语言,食物等特质。研究结果表明,擂茶位列客家食物特质的第一位[40]。这意味着,擂茶对于客家人来说,不仅仅是一种食物,更是族群认同的符号。

许多擂茶故乡的人说:国不可一日无君,家不可一日无擂茶[41]。这句话映射了客家人的心理世界:对家国的情怀和对族群的维系。客家人的来源基本上可以认定为中原汉人,在历史时期为了逃避战乱南迁形成。可以想见,在一次次逃离故土的过程中,其心理上的家国观念不断受到冲击:家园已失,国将不国。没有君王能够保护他们,只有逃离,不断地远离政权交迭的中心地带,到达未知的蛮荒之地。虽然旧有的家园不可恢复,但只要家人还在,就能延续族群的血脉;只要擂钵还在,就能重建心理上的归属感,进而维系族群的认同。

于客家人而言,擂茶亦是区分自我与他者的标尺。一位中学生在作文中回忆了她对擂茶的情感寄托:从小生活在擂茶故乡的她后来随父母迁居大城市,却喝不惯当地的茶,所以特别怀念家乡的擂茶[42]。在这里,喝擂茶的人与不喝擂茶的人,显然获得了不同的身份。比较有意思的是,作者提到她在离开故乡前并没有对擂茶有什么特别的感情,甚至感觉"吃腻了",因为"没什么新花样"。但是,当离开家乡以后,才开始对家乡的擂茶"特别想念"。可见,这种族群认同正是在与异族的接触当中通过"想象"而形成的。

擂茶在客家人生活中的重要性,还表现在它是很多仪式化活动的必要内容。这些活动包括结婚、待客、产子、建新房,甚至是营造棺材[11,43]。在湘中的梅城古镇,这些活动中的擂茶消费是按照一定的程序进行的。比如,在新房竣工或棺材造好时要吃"添寿擂茶",是由亲朋好友将制好的擂茶送给主家,主家把各家的擂茶都摆在桌子上,一起品尝。吃过擂茶以后,主家要在客人送擂茶的匣子里放一条新手巾,作为回赠的谢礼[11]。一般认为,仪式是指模式化的重复行为。彭兆荣[44: 109]强调了仪式对于族群认同的重要性,认为族群仪式的符号价值和体认产生于一个族群的认知体系,又为该族群的个体所共享;而其他的族群却无法体会。从这个意义上看,擂茶也具有客家人所独享的"符号价值"。

梅城人新婚闹洞房时要求新郎和新娘一起打擂茶招待客人，但整个过程的意义却完全超出打擂茶本身：

> 这时，嫂子们嬉笑着把擂钵捧来，霸蛮塞在新娘手里，让新娘双手抱着擂钵，并把她按在椅子上坐下；小伙子们则连忙逮住新郎，塞给他一个擂槌，并且喊公爹把茶叶、花生、红枣等放进擂钵里，于是七手八脚地推操着新郎，让他把擂槌伸进擂钵里去擂。有的人还不时往擂钵里倒一些水进去。新郎双手捧着擂槌，在大家的推操下左一槌右一槌地一顿乱戳，擂得水浆四溅，那一副滑稽样子，引起了阵阵欢笑。并有人大声念道："擂槌擂一棒，生个娃娃白又胖。擂槌擂两棒，白头到老万事都顺畅。"[11]

在洞房擂茶表演中，众人围观下的擂槌和擂钵显然充满对男女生育活动的强烈暗示。因为这种关联，擂茶对少女是一种禁忌行为："按老规矩，梅城姑娘在出嫁之前是不能打待客擂茶的，只有母亲或嫂子才可以"[11]。这种禁忌最终在婚礼上以集体狂欢的形式被打破。彭兆荣[44：21]提到一些食物在仪式中功能的转变，如葡萄酒和面包，本来是作为食物的，在基督教的仪式中却转变成精神上的象征意义。擂茶在这里似乎也发生了类似的功能转变。生活中作为食物的擂茶和仪式中作为生殖象征的擂茶实际上正映射了人类的最基本的生理需要，即对于食物和性的需要；换句话说，也就是出于生存和繁衍的生物学需要。

擂茶也不可避免地参与了客家人的情感表达。桃江县的一位作者在回忆其母亲时，不无动情地说："在我的记忆中，妈妈一辈子最珍爱的东西，除了她的孩子，那就是擂茶了。"[45]一位在异乡生活的安化人写道："想起家乡的擂茶，总是回味与思念长久盘旋在脑中。"[46]一位梅城的中学生这样说："也许有一天我会走到天涯海角，但即使白发苍苍，我的梦里也永远会有一缕擂茶飘香。"[47]在这些饱含感情的语句里，我们不难体会擂茶对于客家这一族群情感的重要性：擂茶是乡愁，是亲情，承载着美好的记忆。

六、擂茶与考古学

擂茶的起源与传播固然可以通过历史文献找到一些线索，但是如前文所述,确切的记载显然大大晚于擂茶真正出现的时代。若想重建擂茶的早期历史,恐怕还是要依赖考古学的资料。笔者认为,擂茶的考古学证据可以有三个方面:一是擂钵,二是擂槌,三是擂钵中的残留物。在这三者之中,除擂槌是木质的,不易保存之外,其余二者应是擂茶考古关注的主要对象。

现代擂钵是人们根据其使用功能而给它的名称,这是毋庸置疑的。考古出土的擂钵或者类似擂钵形制的器物,在学界的名称一度比较混乱,既有"澄滤器"、"研磨器"、"擂钵"等基于其功能的称呼,也有"刻槽盆"这种基于形制特征的称呼。安家瑗对新石器时代出土刻槽盆进行了类型学和民族学研究,提出统一以擂钵命名的建议[48]。笔者以为,古代似"擂钵"器的功能只有借助多学科手段开展深入研究才能最终澄清。目前,基于民族学的调查对其功能的推定只能说提供了一种可能性。从学者们的报道来看,虽然这些擂钵都具有内壁刻槽的共同特征,但外形差别很大[49]。有的底部很细,已经与尖底缸相类,称为"钵"实在勉强[49：图三 4]。在这种情况下,将所谓的"擂钵"称为"刻槽盆"或"刻槽缸"或许更为客观。

有人声称崧泽文化早期所出刻槽盆为擂茶钵,提出擂茶的历史早至新石器时代中晚期[50]。由于其论证过程存在明显的逻辑错误,已经受到其他学者的质疑和批评[4]。如前所述,笔者认为应开展针对性的多学科研究来探明刻槽盆的用途,这些方法至少可以包括残留物分析和微痕分析。不管是用来加工什么,刻槽盆在其使用过程中不可避免地会在刻槽中留下加工对象的残余物。提取并检测这些残余物的性质可以提供有关其功能的线索。这方面的工作已经有人初步尝试[51],还需要在将来进一步加强。

七、结　　语

本文对主要分布于我国东南地区的擂茶风俗进行了多学科综合考察。基于历史文献和民族学资料的调查显示,现代意义上的擂茶至少可以追溯到元代。擂茶尽管存在于不同的民族之中,但其在客家人中的传承最富有族群符号的意义。在考古学上,擂茶与史前及历史时期出土的刻槽盆或许有某种联系。系统开展出土"擂茶具"的多学科研究将有助于揭示更多有关擂茶风俗的历史。

参考文献

[1]解黎晴.桃花源的秦人擂茶[J].中国土特产,1995(4):36.

[2](南北朝)范晔.后汉书卷二十四马援列传第十四[M].百衲本景宋绍熙刻本.

[3](南宋)吴自牧.梦粱录卷十六[M].清学津讨原本.

[4]杨海中.擂茶与客家擂茶考论[J].农业考古,2014(5):58—67.

[5](南宋)周密.武林旧事卷六[M].民国景明宝颜堂秘笈本.

[6](明)佚名.居家必用事类全集巳集[M].明刻本.

[7](明)孙绪.沙溪集卷二十[M].清文渊阁四库全书本.

[8](明)张泰.沧州诗集卷十[M].明弘治三年刻嘉靖十三年增修本.

[9](清)段汝霖.楚南苗志卷六[M].清乾隆二十三年刻本.

[10]廖军.赣南擂茶.农业考古[J].1996(4):062.

[11]龙燕怡,龙民怡.梅城古镇擂茶撷趣[J].怀化学院学报,1994(4):42—43.

[12]余群敬.陆河擂茶[J].源流,1994(3):44.

[13]张振岳.台湾客家擂茶[J].农业考古,1996(2):20.

[14]刘荣发.令我魂牵梦绕的河婆擂茶[J].茶,2011(2):059.

[15]王文采等.中国植物志卷69[M].北京:科学出版社,1990.

[16]张世卿,张水成.芝麻素研究进展[J].氨基酸和生物资源,2005(3).

[17]中国科学院中国植物志编辑委员会.中国植物志第41卷[M].北京:科学出版社,1995.

[18]张建成等.花生的药用及保健功能[J].中国食物与营养,2005(9):44—45.

[19]吴建华,张丽君.药用姜研究进展[J].陕西中医学院学报,2002(1):034.

[20]梁呈元等.薄荷化学成分及其药理作用研究进展[J].中国野生植物资源,2003,22(3):9—12.

[21]韦琨等.胡椒的化学成分,药理作用及与卡瓦胡椒的对比[J].中国中药杂志,2002,27(5):328—333.

[22]吴征镒,李锡文.中国植物志第66卷[M],北京:科学出版社,1977.

[23]方文培,胡文光.中国植物志第56卷[M],北京:科学出版社,1990(84).

[24]谢培凤,马家驹.再考"遍插茱萸少一人"的茱萸[J].中药材,2008(11):055.

[25]郭振东.茶道奇葩——客家擂茶[J].中国保健营养,2002(2):039.

[26]邓运埔.福建将乐的擂茶风俗[J].茶叶,1984(4):019.

[27]彭志健.吃茶赏印[J].茶博览,2013(8):62—63.

[28]王和.擂茶.农业考古[J],1991(4):82.

[29]陈兆善.福建擂茶考古研究[J].福建文博,2013(1):007.

[30]秦仁昌,邢公侠.中国植物志第3(1)卷[M].北京:科学出版社,1990.

[31]胡坪.难忘的擂茶[J].茶叶机械杂志,1997(3).

[32]陈照年.趣谈民族茶风情[J].茶叶科学技术,2001(1):37.

[33]杨昭景,邱文彬.生存,觉知与存在:客家饮食内涵与发展[J].餐旅及家政学刊,2005,2(1):71—81.

[34]宋德剑,罗鑫.客家饮食[M].广州:暨南大学出版社,2015.

[35]陈世松.中国近代以来学术建构对客家研究的影响——以罗香林《客家研究导论》为例[J].社会科学研究,2007(6):162—166.

[36]王明珂.华夏边缘:历史记忆与族群认同[M].杭州:浙江人民出版社,2013.

[37]黄向春.客家界定中的概念操控:民系,族群,文化,认同[J].广西民族研究,1999(3):21—22.

[38]本尼迪克特·安德森.想象的共同体:民族主义的起源与散布[M].上海:上海人民出版社,2003.

[39]皮尔彻.世界历史上的食物[M].北京:商务印书馆,2015.

[40]王雯君.客家边界:客家意象的诠释与重建[J].东吴社会学报,2005(18):117—156.

[41]解黎晴.秦人擂茶[J].茶世界,2008:52—53.

[42]廖澳雪.桃花江的擂茶[J].创作,2013(1):28—28.

[43]胡杨华.味蕾上的故乡[J].创作评谭,2013(3):010.

[44]彭兆荣.人类学仪式的理论与实践[M].北京:民族出版社,2007.

[45]王惠明.妈妈的擂茶[J].新湘评论,2012(19):037.

[46]刘寒丰.家乡的擂茶[J].中国边防警察杂志,2013(2):26—26.

[47]旻颖.擂茶飘香[J].中学生:初中作文版,2011(7):98—98.

[48]安家瑗.擂钵小议[J].考古,1986(4):344—347.

[49]叶文宽.擂钵源流考[J].考古,1989(5):456—462.

[50]陈晖.从杭州跨湖桥出土的八千年前茶,茶釜及相关考古发现论饮茶起源于中国吴越地区[J].农业考古,2003(2):268—281.

[51]陶大卫等.雕龙碑遗址出土器物残留淀粉粒分析[J].考古,2009(9):92—96.

第四章

东南山地的植物利用调查：
以奇和洞周边为例

❈ 葛 威

摘要：本文对福建省漳平市奇和洞遗址周边地区进行了植物利用调查。结果表明，此地分布大量根茎类植物，包括天南星科（araceae）、蕨类（ferns）、禾本科的毛竹（*Phyllostachys edulis*）以及豆科的葛（*Pueraria montana*）等。本研究揭示了奇和洞周围地区植物资源的特殊性，为我们进一步分析东南地区的植物利用和史前生计形态提供了有益的参照。

山地是指具有一定海拔、相对高度和坡度的地貌，包括高原、丘陵和山间盆地等[1]。我国山地面积广阔，所谓"三山六水一分田"就是人们对我国境内多山而少平原的高度概括。华南地区更是以山地为主。

张之恒[2]分析了中国各地区新石器时代不同时期遗址的分布情况，发现了一定的规律性。华南地区的规律表现为在新石器时代早中期遗址以洞穴遗址为主，而到了晚期则以贝丘、台地、山岗类遗址为主。武夷山至南岭一线以南地区属热带和亚热带地区，动植物资源丰富，新石器时代早中期洞穴遗址较多，营采集经济。对华南山地植物利用的调查有助于我们更好地理解该地区史前人类的生存环境和生计策略。

奇和洞位于福建省龙岩市漳平县象湖镇，是一处石灰岩溶洞。奇和洞遗址发现于 2008 年，并于 2009—2011 年间先后进行过 3 次发掘，发现旧石器晚期至历史时期不同年代文化遗存[3]。奇和洞遗址第一期遗存的碳十四年代为距今约 17000—13000 年，相当于旧石器时代向新石器时代过渡时期，出土有打制石器和刃部磨光的骨器等。第二期遗存距今约 12000—10000 年，相当于新石器时代早期，出土有打制石器、磨制石器和陶器。第三期遗存约距今 10000—7000 年，相当于新石器时代中期，出土有陶器、打制石器和磨制石器。笔者配合奇和洞的发掘进行了史前石器和地层土样的残留物分析，发现了一些植物微体遗存，包括淀粉粒、植物硅酸体和针晶等。为了帮助鉴定这些植物微体遗存，笔者在 2012 年 4 月初与两名学生在奇和洞所在的象湖镇及奇和洞周围开展了植物利用调查和有关标本收集工作，现汇报如下。

一、象湖镇集市民族植物调查

象湖镇位于漳平县城东北方向，距市区约 44 公里。象湖镇地处亚热带，年平均气温 19.4℃，平均霜冻期 29 天，全年无霜期 336 天左右，年降雨量在 1700～2000 毫米之间，镇府所在地象湖村海拔 295 米，北距奇和洞遗址约 6 公里（图 4-1）。象湖镇以山地为主，有"九山半水半分田"的说法，人均耕地面积仅 0.65 亩。当地居民绝大多数是农民，原来主要以种植水稻为生计，近年大力开展香菇种植，山谷间及道路旁随处可见大型香菇种植场。

集市调查是民族植物研究的重要手段。集市汇聚了周围地区的各种动植物资源，可以集中反映某一地区人类的食物种类、来源与分配体系。象湖村每天进行新鲜食材供应的集市位于村中的主干道上，货物就沿街呈一字形摆放在路边（图 4-2）。这些小贩一般仅在上午出摊，过了中午 12 时则难觅踪影。比较有意思的是，我们注意到，不同类别的食物商品在这条"食物大街"上分布在不同的空间。植物性的食材全部在街道的南边，而动物性的食材则分布在街道的北边。赶集的群众一般是从集市的一头进入开始采购，到了另一头再折回，沿着路的另一侧继续采购。等到出了这条大街，即可把家庭厨房所需的各类食材采购齐全。

动物性的食材中以猪肉为大宗，辅以牛肉和鸡、鸭等禽类。另有花蛤等软体动物出售，却是摆在街道南侧与植物性食物为伍（图 4-3）。花蛤为常见海产品，现在一般来源于海边养殖。象湖的花蛤看上去很新鲜，应该是就近从福建沿海地区贸易而来。

菌类也是象湖集市所售卖的重要食材，虽然在生物分类上它们既不是动物也不是植物，人们一般根据印象将其归入植物一类，实际上它们是寄生的。木耳是我们调查时仅见的新鲜菌类（图 4-3 右下方白色筐中），另有干制

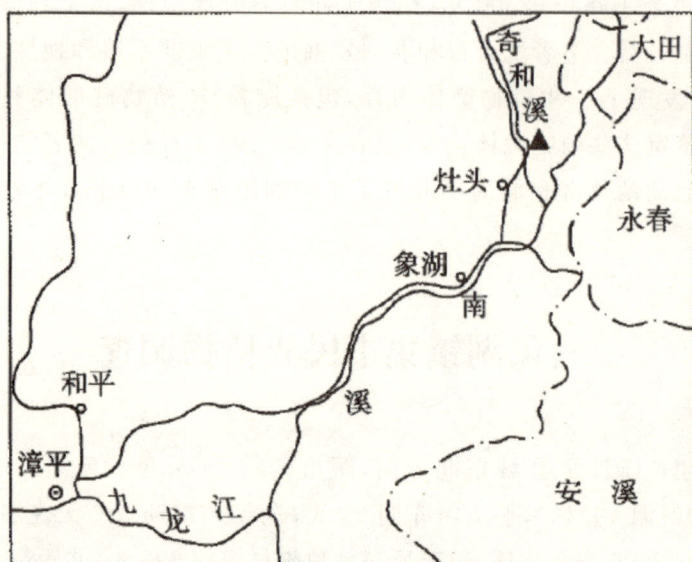

图 4-1　象湖村与奇和洞位置示意图

（引自文献[3]）

图 4-2　象湖村集市风貌（右侧为北）：菜摊在南，肉摊在北

的木耳、银耳等在商店有售。

　　我们还是将重点放在植物性的食材上。象湖集市的植物性食材按照食用部位可以分为三类：花叶类（8 种）、根茎类（9 种）和果实类（10 种）（表 4-

图 4-3 象湖村集市售卖的花蛤

(位于红桶上方的方形铝盘中)

1)。其中,花叶类以十字花科居多,而且全部是芸苔属植物。果实类以葫芦科、茄科和豆科为主,仅有一种禾本科植物玉米,出售的是其未成熟带苞片的穗轴,俗称"玉米棒子"。参薯为野生,系当地人从山上挖掘所得,当地对它的土名称为"qing gang ji"(图 4-4)。山药(表 4-1 中的薯蓣)不是本地所产,而是从山外贸易而来。芋是当地种植所出。实际上,我们在调查时所见的芋全部是当地人称为"芋仔"的小型块茎(图 4-5),据访谈得知,这样的小型芋头是大芋头块茎上生出的芽体,可以吃,也可用于移栽繁殖。

显然,这些植物不是象湖人的主食来源。在这 27 种植物类食材中,仅有 5 种是富含淀粉的,包括薯蓣属的两个种,茄科的土豆,天南星科的芋头,以及睡莲科的莲藕。尽管豆类的成熟种子含有较多的蛋白质,但几种豆科植物由于以未完全成熟时的绿色豆荚呈现,其能够提供的蛋白质也是有限的。总的来说,这些象湖集市上的植物性食材基本上构成了象湖人主要的"菜"的来源,也就是所谓的"副食"。"菜"区分于"饭",共同构成中国人日常饮食中的两大元素。相对于米饭、面条等主食,"菜"并不是必须的。然而,"菜"的丰富性无疑显示了象湖人在某种程度上是富足的,来自遥远海边的花蛤从一个侧面也印证了这一点:人们并没有满足于基本的食物需求,而是

45

追求更多样的选择。

此外,值得注意的是,象湖集市所出售的植物性食材绝大多数都是通过现代商业流通渠道从外地运输而来,小部分为本地种植,而采集后用于交换的野生植物只有参薯一种。参薯作为象湖村采集经济仅存的孑遗,反映了现代化进程中传统知识的逐渐丧失。作为一种救荒植物,参薯的辨识和采集在食物匮乏的过去无疑是一类需要代代相传的知识。

表 4-1　象湖村集市植物名录

食用部位	科　属		中文名	拉丁名
花叶	十字花科　芸苔属		青菜	*Brassica rapa* var. *chinensis*
			白菜	*Brassica rapa* var. *glabra*
			芸苔	*Brassica rapa* var. *oleifera*
			甘蓝	*Brassica oleracea* var. *capitata*
			白花甘蓝	*Brassica oleracea* var. *albiflora*
	伞形科　芹属		旱芹	*Apium graveolens*
	菊科　莴苣属		生菜	*Lactuca sativa* var. *ramosa*
	百合科　葱属		葱	*Allium fistulosum*
果实	葫芦科	苦瓜属	苦瓜	*Momordica charantia*
		黄瓜属	黄瓜	*Cucumis sativus*
		葫芦属	瓠子	*Lagenaria siceraria* var. *hispida*
	茄科	辣椒属	菜椒	*Capsicum annuum* var. *grossum*
		番茄属	番茄	*Lycopersicon esculentum*
		茄属	茄	*Solanum melongena*
	豆科	菜豆属	菜豆	*Phaseolus vulgaris*
		豌豆属	豌豆	*Pisum sativum*
		豇豆属	豇豆	*Vigna unguiculata*
	禾本科	玉蜀黍属	玉蜀黍	*Zea mays*

续表

食用部位	科 属	中文名	拉丁名
根茎	薯蓣科 薯蓣属	薯蓣	*Dioscorea polystachya*
		参薯	*Dioscorea alata*
	伞形科 胡萝卜属	胡萝卜	*Daucus carota* var. *sativa*
	十字花科 萝卜属	萝卜	*Raphanus sativus*
	百合科 葱属	洋葱	*Allium cepa*
	茄科 茄属	阳芋	*Solanum tuberosum*
	天南星科 芋属	芋	*Colocasia esculenta*
	姜科 姜属	姜	*Zingiber officinale*
	睡莲科 莲属	莲	*Nelumbo nucifera*

注：表中的中文名采用最新《中国植物志》资料。其中，旱芹即通常所说的芹菜，阳芋即习见之土豆，玉蜀黍就是玉米。

图 4-4　象湖村集市上的参薯（右侧筐中）

图 4-5 象湖村集市上的芋仔(最下面筐中)

二、奇和洞周边植物利用调查

象湖村作为象湖镇唯一的集贸市场所在地,其集市上呈现的植物性食材固然能够在一定程度上反映附近地区人们的食物来源与组成。但是,如前所述,现代化已经在很大程度上使人们更多依赖商业性的食物来源,而越来越与自己环境中的可食用性植物相分离。这使得我们很难从集市调查中获取有关当地民族植物利用的信息,更不用说史前人类可能的食物来源。为此,我们在奇和洞周围环境中也进行了植物资源调查,重点关注富含淀粉的根茎类植物。

奇和洞位于一处相对高度约 80 米的石灰岩山体下面,西边紧临一条土路,再往西约 50 米有一条小溪。调查发现奇和洞附近山坡、路边、溪边分布着大量富含淀粉的野生根茎类植物,包括天南星科的海芋、豆科的葛以及狗脊蕨等蕨类植物(表 4-2)。

表 4-2 奇和洞周边根茎类植物名录

食用部位	科 属	中文名	拉丁名
嫩茎	禾本科 刚竹属	毛竹	*Phyllostachys edulis*
根状茎	天南星科 海芋属	海芋	*Alocasia odora*
	乌毛蕨科 狗脊属	东方狗脊	*Woodwardia orientalis*
	实蕨科 实蕨属	华南实蕨	*Bolbitis subcordata*
	槲蕨科 槲蕨属	槲蕨	*Drynaria roosii*
	蕨科 蕨属	蕨	*Pteridium aquilinum*
	里白科 里白属	中华里白	*Diplopterygium chinense*
	紫萁科 紫萁属	华南紫萁	*Osmunda vachellii*
块状根	豆科 葛属	葛	*Pueraria montana*

注：所谓根茎类植物并不是一个严谨的分类概念，此处仅指其根茎富含淀粉或其他营养物质，具有较大食用价值可为人类利用的植物。

毛竹是一种大型的竹类，高可达 20 余米，直径可达 20 余厘米，在秦岭以南、汉水流域至长江以南都有天然分布[4]。毛竹的笋体内含量最多的是水分，大约占其质量的 90% 左右，其他的营养成分包括蛋白质、糖类、脂肪以及矿物质等[5]。根据笔者的实验，毛竹笋的样本中并没有观察到

图 4-6 奇和洞附近路边坡地生长的竹笋

淀粉粒。然而，作为一种在南方广泛分布的植物资源，竹笋的食用价值有可能很早就被人类所认识。除了竹笋可以食用，毛竹还有很多其他用途。比如，其成熟茎秆是优良的建筑材料，其茎秆外皮可制成竹篾，供编织各种生活用具或工艺品。在奇和洞的北面路边坡地就生长着大片毛竹林，我们去调查的 4 月初春笋长势正旺（图 4-6）。象湖集市出售一种当地手工艺人编

49

织的斗笠(图 4-7),其骨架由毛竹篾制成,外包笋衣,完美地集中呈现了毛竹的经济价值。

图 4-7　象湖村集市上出售的手工制品:竹编斗笠

在奇和洞洞口两侧分布着大量海芋(图 4-8)。海芋是一种大型的芋类,在热带和亚热带地区分布广泛。海芋新鲜根状茎中富含淀粉,也含有结晶性海芋素、皂素毒苷、草酸钙针晶和植物甾醇等物质,其中的皂素毒苷具有神经毒性,草酸钙晶体则会对皮肤和黏膜构成刺激性[6]。所以,尽

图 4-8　奇和洞北侧植被情况

(远处挂彩旗处为洞口所在位置,近处为一株海芋幼体)

管海芋根茎中含有大量淀粉,却不宜直接食用。据当地村民介绍,他们在十几年前有时会挖掘海芋根茎煮熟以后用作猪的饲料,现在已经全部改用市场化的猪饲料了。新鲜海芋虽然有毒,但是有毒物质在烹煮的过程中发生性质改变而脱毒是有可能的。

在奇和洞附近山坡及道路两旁均可见大量野葛(图 4-9~图 4-10)。葛在全国范围内都有分布。由于前文已经对葛的民族植物学进行了详细讨论,此处不再赘述。

图 4-9　调查人员在象湖村附近山坡挖掘野葛

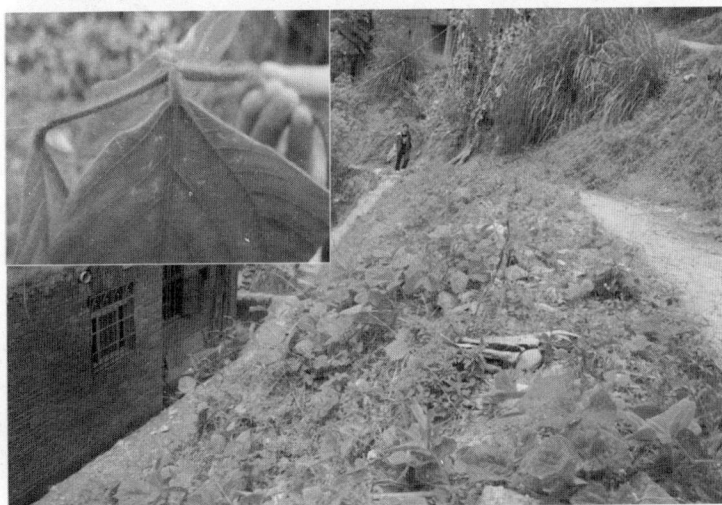

图 4-10　奇和洞南面的路边生长的野葛

（左上方为野葛叶特写）

　　奇和洞附近植被的一个重要特点是存在大量蕨类植物。所谓蕨类植物是指一类营孢子生殖的较低级高等植物。表 4-2 名录中所列各种蕨的根茎都有淀粉粒发现，其中以东方狗脊和蕨的淀粉含量最多。从村民处获知，东方狗脊的根茎在过去也曾经是当地饲喂猪的草料；而蕨现在仍然是人们重要的食材。在奇和洞附近的路边、山坡有大量蕨的分布（图 4-11）。蕨的嫩芽用作蔬菜，蕨根挖掘后用于提取淀粉，并制成粉条。挖取蕨的根茎制粉食用在我国有着悠久的历史，主要是作为荒年的救饥食物。明代陈仁锡[7]在其著作《无梦园初集》中颇具感情色彩地肯定了蕨根粉在救荒中的重要作用：

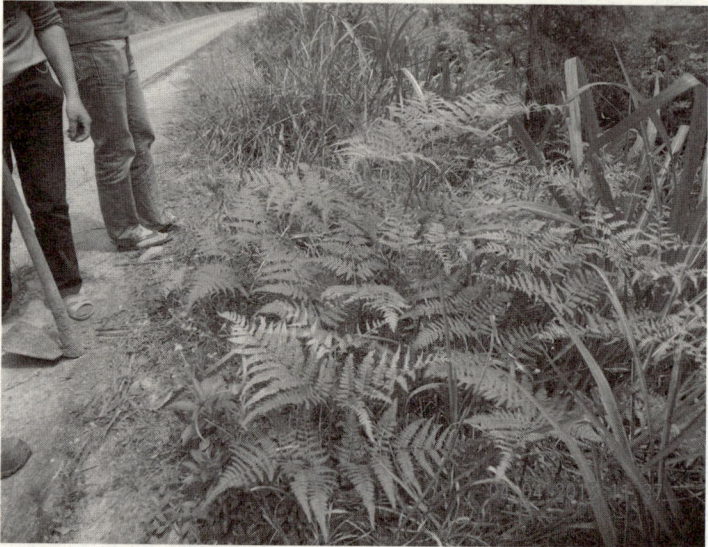

图 4-11　奇和洞南路边生长的蕨

　　蕨粉，土名蕨鸡，以初生状如鸡拳故名。苗可煮食，根可为粉。山中之民每于秋冬间漫山开掘，淳漉为粉，或切素作面，或蒸炙为饼，皆甘美可口。万历己亥天台失稔，乡人携妻子入山采蕨度荒者万余人，不填沟壑，蕨之功也。

关于蕨根救荒的更早文献记录至迟可以上溯到宋代。宋人汪莘[8]的诗中写道：

　　风迴雨霁天地新，良苗斗觉添精神；

　　天意更看七八月，明年无处可打蕨。

编者陈思在末句后面加了一条注：时饥民竞打蕨根食之。另有南宋董煟[9]在其《救荒活民书》中提及农人在荒年往往得不到政府的救济，只有挖掘葛根和蕨根自救的情况：

耕而食者,农民也;不耕而食者,游手游食之民也。自来官司之赈给,常先市井之游手与乡落之浮食,而缓于农民耕夫。且农家寒耕热耘以供众人之食,及其饥也,不耕者得食,而耕者反不得食。不免采掘蕨根野葛以充饥肠,岂不甚可怜哉?

"蕨"有时候也被人们作为蕨类植物的统称,这些古代文献中提到的"蕨"的种属未必统一。但是,从清代吴其濬[10]在其《植物名实图考》中提供的图像来看,其中所绘的植物的幼叶形态及成年叶序特征与蕨科蕨属的蕨(*Pteridium aquilinum*)是完全吻合的(图4-12)。

挖取蕨根制粉一般选在秋冬时节,这时的出粉率较高。笔者考查奇和洞时正值暮春,未能目睹蕨根粉的制作。根据吴旭[11: 156—157]的记载,蕨根粉的制作方法与葛粉类似,包括挖掘蕨根、清洗、捣碎、浸泡和澄滤等工序。他在鄂西的访问对象报告说一个劳动力一天可以挖20斤蕨根,可制得10斤粉。在鄂西,过去有"山民半赖蕨为粮"的说法,反映了蕨根在不利于农耕的山地环境中对人类食物来源的重要性。

图4-12 《植物名实图考》中蕨叶的形态

三、结　语

由于时间所限,关于奇和洞周边地区的植物调查或许不够全面,但还是打开了一个窗口,具有一定的启发性。通过调查,我们了解到东南山地植物利用的特殊性。大量的根茎类植物分布在遗址的周围,无疑为奇和洞先民提供了充足的植物性食物来源。根据吕烈丹[12: 61—64]在广西所开展的模拟采集实验,竹笋、山药等根茎类植物食材的采集回报率远远高于野生稻一类禾本科的种子;当环境中存在大量取食回报率高的根茎类植物时,人类就偏向于不进行农作物的种植活动,从而制约了当地农业的起源。由于奇和洞周边环境也存在类似特点,这样的调查为我们进一步分析奇和洞的植物利用和生计形态提供了有益的参照。

参考文献

[1]朱珣之,张金屯.中国山地植物多样性的垂直变化格局[J].西北植物学报,2005,25(7):1480−1486.

[2]张之恒.中国新石器时代遗址的分布规律[J].四川文物,2007(1):50−53.

[3]范雪春等.福建漳平市奇和洞史前遗址发掘简报[J].考古,2013(5):7−19.

[4]耿伯介,王正平.中国植物志:第九卷第一分册[M].1996.

[5]刘耀荣.毛竹笋期的营养动态[J].林业科学研究,1990,3(4):363−367.

[6]谢立璟等.急性海芋中毒救治1例[J].药物不良反应杂志,2011,13(4):240−243.

[7](明)陈仁锡.无梦园初集·江集一[M].明崇祯六年刻本.

[8](宋)陈思.两宋名贤小集·卷一百九十三方壶存稿[M].清文渊阁四库全书本.

[9](宋)董煟.救荒活民书·卷二·恤农[M].清嘉庆墨海金壶本.

[10]吴其濬.植物名实图考·卷四[M].上海:商务印书馆,1957.

[11]吴旭.土仓:华中山区食用植物的民族植物学研究[M].上海:复旦大学出版社,2010.

[12]吕烈丹.稻作与史前文化演变[M].北京:科学出版社,2013.

第五章

中国华南土著民族
食用薯蓣的历史与文化

✳ 生膨菲　武晓丽

摘要:薯蓣科植物的块茎或根茎是华南土著民族较早利用的植物性食物资源之一,在华南地区的饮食文化中具有独特的地位和文化功能。其与东南亚地区乃至太平洋岛屿地区土著民族的食物生产活动一起,共同构成了亚洲东南海洋地带土著民族生业与饮食文化中极富特色的基础环节,并产生深远影响。但目前,对华南地区土著先民开发和利用这一类食物资源的历史与文化价值的认识还不充分。本文拟通过梳理历史文献,试图勾勒华南地区"以薯为粮"的历史与文化线索,并介绍相关的植物考古学研究方法和初步成果,以期为系统开展中国华南土著民族利用薯蓣的植物考古学研究提供有益的参考。

薯蓣科(Dioscoreaceae)是一类单子叶的缠绕草质藤本植物,具有膨大的根状茎或块茎,全世界共有 600 多个种;主要分布于热带、亚热带的非洲,中南美洲,亚洲以及太平洋岛屿地区(图 5-1)[1-3]。我国约有 55 种、11 变种、1 亚种,主要分布于长江以南地区[4]。植物志中记载多数薯蓣的根状茎或块茎都具有食用和药用价值[5]。薯蓣耐土壤贫瘠,适宜在华南山地丘陵地区栽培。这一类食物资源的获取、生产、储存和加工与谷物相比,更加简单灵活,具体表现为野生种资源丰富,可无性繁殖,种植地点不受约束,根茎可供挖取的时间跨度长,根茎富含淀粉等方面[6-7]。这些鲜明的特点与中原地区以谷类作物为主的农业类型明显不同。华南土著民族是亚洲东南海洋地带史前文化的主要创造者[8-9]。通过梳理历史文献,我们注意到薯蓣不仅为华南土著民族提供饮食,同时还发挥重要的文化功能。华南土著民族对薯蓣的开发和利用,与东南亚乃至太平洋地区土著民族的食物生产活动一起共同构成了跨区域土著民族的饮食文化中极富特色的基础环节[3,10](图5-1),并产生深远影响。

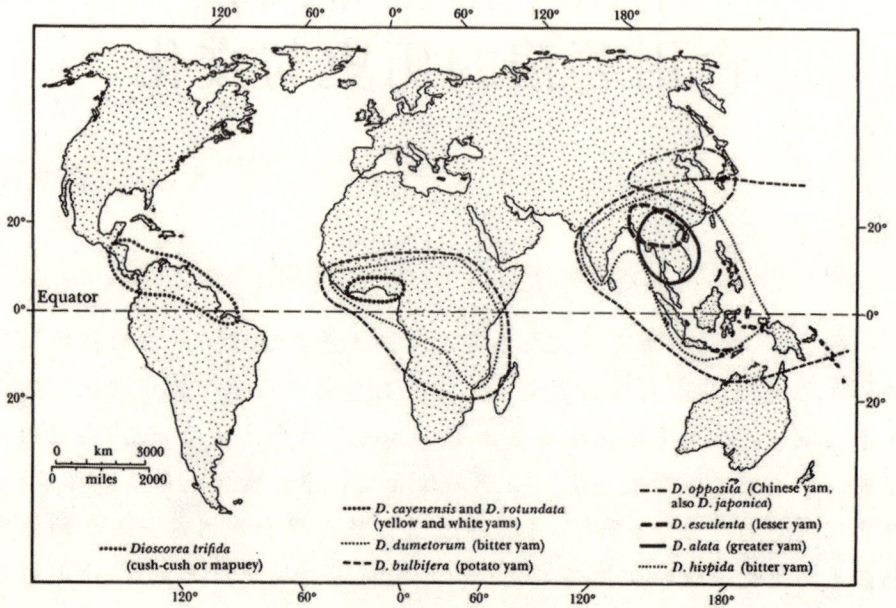

图 5-1　常见薯蓣的栽培起源和分布地区

(采自 Harris,1972[3])

一、中国南方的薯蓣资源

植物地理学研究显示亚洲的东南部地区是薯蓣根茎组种类的原始分布和分化的中心,具有许多开发价值的薯蓣资源十分丰富(图 5-1,表 5-1)[11]。目前,在亚洲东南部及临近的西太平洋地区,有七种重要的薯蓣栽培品种(图 5-2)。其中,参薯(Dioscorea alata)甜薯(Dioscorea esculenta)和山药(Dioscorea opposita)是在华南地区主要得到开发利用的薯蓣品种[12-15]。

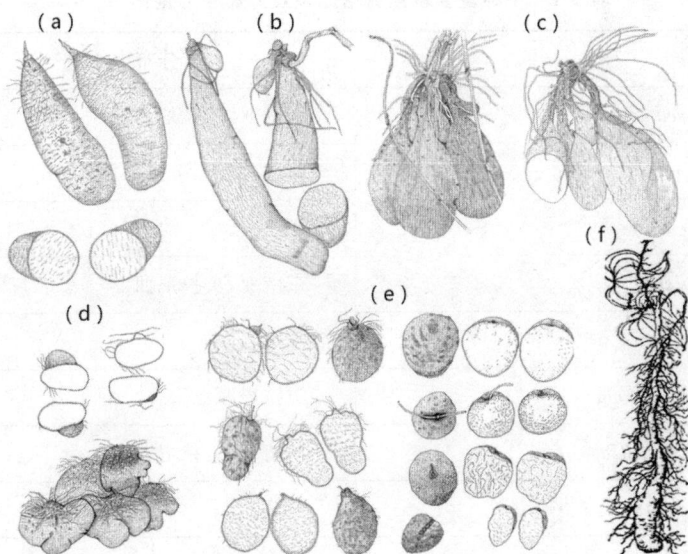

(a. *D. esculenta* b. *D. alata* c. *D. transversa* d. *D. pentaphylla* e. *D. bulbifera* f. *D. opposita*)

图 5-2　六种常见薯蓣块茎的形态（采自 Lebot, 2009[17] 与《中国植物志》）

　　参薯（*Dioscorea alata*），又名大薯，主要分布在长江以南的江西、福建、台湾、两广和西南地区。野生的块茎多数为长圆柱形，栽培的变异较大，形状有圆锥形、扁圆形、球形等并有重叠。通常圆锥形或球形的块茎外皮为褐色或紫黑色，断面白色带紫色，其余的外皮多为淡灰黄色，断面为白色，有时带黄色。块茎含有花青素，薯蓣皂苷元，生物碱和淀粉等（《中国植物志》）。甜薯（*Dioscorea esculenta*），也称毛薯、甘薯（此名称与番薯 *Ipomoea batatas* 的俗称同，而实际并非同一类），成对生长于叶柄基部的刺突，被丁字形柔毛是其最令人印象深刻的特征。块茎为卵球形，外皮光滑淡黄色（《中国植物志》）。在台湾南部的闽南族、西拉雅族、排湾族、达悟族等都有食用它的记录[16]。薯蓣（*Dioscorea opposita*）俗名山药，是在中纬度地区能够生长的重要薯蓣品种，在我国除了西藏和东北北部以及黄土高原外，其他地区都有栽培。其块茎为长圆柱形，垂直生长，断面干时为白色；富含淀粉、黏液蛋白、多种维生素及微量元素；可入药，滋养强壮，亦作副食品和酿酒原料（《中国植物志》）。

表 5-1　十种重要薯蓣栽培品种及分布中心地区[17]

种　　名	分布中心
Dioscorea alata	东南亚,美拉尼西亚
D. bulbifera	非洲,亚洲,美拉尼西亚
D. cayenensis	西非
D. esculenta	东南亚,美拉尼西亚
D. opposita	中国,日本
D. nummularia	美拉尼西亚
D. pentaphylla	东南亚,美拉尼西亚
D. rotundata	西非
D. transversa	澳大利亚,美拉尼西亚
D. trifida	南美洲

二、华南"以薯为粮"的传统

　　古代汉文文献长期保持从"华夏中原"看"四方万国"的撰写视角与文化立场,记述者对华南先民的文字记录多为猎奇的观察或听闻,但其中仍保留着有关华南土著先民生活风俗的丰富记录[18]。这些珍贵的古代"民族志"材料,为了解华南土著先民"以薯为粮"的饮食传统提供了间接的历史证据。"以薯为粮"的饮食传统指的是华南土著民族不以谷物为主食,而以薯蓣科植物的根茎或块茎为主要食物来源的传统。薯蓣,在文献中又名藷藇、甘藷、薯药、藷、山藷等,广泛记载于中国古代文献中,名称多达十几种(见表二)。"薯蓣"一词最早出现在《山海经·北山经》中:"景山,南望盐贩之泽,北望少泽,其上多草、藷藇"。"藷藇"即"薯蓣"[19](卷3)。在唐代,为了避唐代宗的"豫"字,而改为薯药[20](卷10)。而明万历以后,"薯"的概念中加入了非薯蓣科的"番薯",并大量记载于历史文献中,对了解土著先民食用薯蓣的历史造成了混淆[21]。故本文中的"薯"并不包括大约明代万历之后才引进并广获种植的属于旋花科的番薯(*Ipomoea batatas*)。

表 5-2　薯蓣历代名称列表

时代	名称	出处
先秦	藷藇	郭璞注《山海经》,郝懿行,清嘉庆十四年阮氏琅环仙馆刻本。
东汉	薯蓣	张仲景《金匮要略方论》,四部丛刊景明刊本。
晋	甘藷、薯蓣	稽含《南方草木状》,宋百川学海本。
南北朝	山芋、土藷	刘敬叔《异苑》卷三,清文渊阁四库全书本。
唐	薯蓣、藷、储	段公路《北户录》卷二《米饼》,清万卷楼丛书本。
	山药	韩愈《详注昌黎先生文集》文集卷二《送文畅师北游》,宋刻本。
	薯蓣、山芋、诸薯	欧阳询《艺文类聚》卷八十一《草部上》,清文渊阁四库全书本。
宋	山药、薯蓣、山芋、玉延、土藷、薯药	陈景沂《全芳备祖》后集卷二十五《蔬部》,明毛氏汲古阁钞本。
	薯蓣、山藷	陈思《两宋名贤小集》卷四十八张都官集《送薯蓣苗与兴宗》,清文渊阁四库全书本。
	山蓣、山芋、薯蓣、薯药、山药	李祖尧《内简尺牍编注》宋孙仲益内简尺牍卷十,清乾隆刻本。
	薯蓣、诸	梁克家《(淳熙)三山志》卷四十一土俗类三,清文渊阁四库全书本。
	蓣、土预、藷蓣	史能之《(咸淳)重修毗陵志》卷十三风土,明初刻本。
	藷	苏轼《补注东坡编年诗》卷四十一,清文渊阁四库全书本。
	藷菜	王象之《舆地纪胜》卷第一百二十四《琼州风俗形胜》,清影宋钞本。
	薯蓣、山蓣、修脆、藷蓣、玉延、土藷、山芋	郑樵《通志》卷七十五《昆虫草木略》,清文渊阁四库全书本。
元	山药、薯蓣、薯、藷藇、署预、藷、佛掌薯、药薯、掌薯	胡古愚《树艺篇》蔬部卷五《山药》,明纯白斋钞本。

59

早期历史文献中的华南不乏对"非我族类"的土著民族的刻画与描摹。东汉《异物志》载:"甘薯似芋,亦有巨魁。剥去皮,肌肉正白如脂肪。南人专食,以当米谷"。可见当时南方地区先民保留有专食薯蓣的传统,与食用稻米的族群截然不同,而被视为"异物"[22](p15)。

晋人郭璞注《山海经·海内南经》之"离耳国"云:"锼离其耳,分令下垂以为饰,即儋耳也。在珠崖海渚中,不食五谷,但啖蚌及薯芋也。"[23](卷3)这一现象在同一时期的《南方草木状》也有记载:"甘藷,盖薯蓣之类,或曰芋之类。根叶亦如芋,实如拳。有大如瓯者,皮紫而肉白,蒸鬻食之,味如薯蓣,性不甚冷。旧珠崖之地,海中之人,皆不业耕稼,惟掘地种甘藷,秋熟收之,蒸晒切如米粒。仓囷贮之,以充粮糗,是名藷粮。北方人至者,或盛具牛、豕脍炙,而末以甘藷荐之,若粳粟然。大抵南人二毛者,百无一二,惟海中之人,寿百余岁者,由不食五谷而食甘藷故尔(图5-3)"[24](p7)。当时南方海中还存在不知耕种谷物而专以薯为粮的族群,他们并不熟悉稻谷为主的农业生产,而发展出栽培—收获—加工—储存—食用薯蓣的方法。

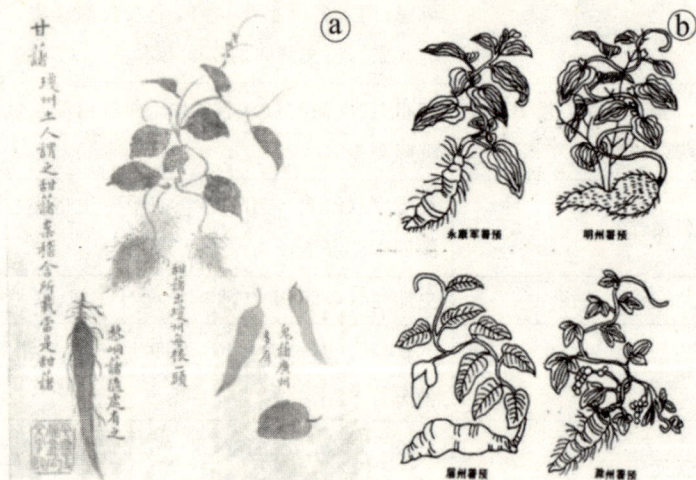

a.采自《南方草木状》;b.采自《图经本草》

图5-3 古籍中的薯蓣

唐代《北户录》卷二中记载"今高州多采藷为麻饼,绝宜入味,极芳美。《方言》云:'人谓薯蓣为储是也'","琼州,溲为汤饼"[25](卷2)。《北户录》详细记载了岭南的风土与物产。"高州"治所在今天的广东茂名东北部,"琼州"

治所在今天的海南省琼山。其注释中提到了加工方法:"采藷去外皮,磨之,曝干为粉。临用时,别取藷磨取湿者溲之,他如面法"。

北宋《图经本草》记载:"薯蓣生嵩高山谷,今处处有之,以北都四明者为佳。春生苗,蔓延篱援,茎紫叶青,有三尖角似牵牛,更厚而光泽。夏开细白花,大类枣花,秋生实叶间,状如铃。……近都人种之极有息,春取宿根头,以黄沙和牛粪作畦种。苗生,以竹稍作援,援高不得过一二尺,夏月频溉之,当年可食,极肥美。南中有一种生山中,根细如指,极紧实。刮磨入汤不散,味更珍美,食之尤宜人,过与家园者。又江湖闽中,出一种根如姜芋之类,而皮紫极有大者,单枚可重斤余,刮去皮,煎煮食之俱美,但性冷于北地者耳。彼土人单呼为'薯'音若殊,亦曰:'山薯'。"文中详细介绍了薯蓣的特征及种植方法,可见当时薯蓣种植已开始推广。并且著者对于常见的山药,以及南方的参薯或甘薯也进行了区分(图 5-2)。[26](上卷第四)

北宋的苏轼在诗文中记录了海南岛先民"以薯为粮"的饮食传统。据《(正德)琼台志》[27](卷7)记载:"东坡《薯菜记》:海南以薯为粮,几米之十六。今岁薯菜皆不熟,民未至艰食者,以客舶方至,市有米也。然儋人无畜藏,明年船失则饥矣。"这篇诗文作于公元 1098 年,苏轼当时刚到达海南。据此可以推测,即便是在海南岛较早开发的地区,稻谷仍是稀罕的,而"以薯为粮"才是先民习以为常的。而且在《闻子由瘦》诗中,苏轼描述当地土著先民"顿顿食薯芋"[28](上册,p521)。谪居海南时期的文字记录中也不乏"日啖薯芋","以薯芋杂米作粥糜以取饱","芋羹薯糜,以饱耆宿"之类。当然在先民的饮食中可能也有稻谷,但是可能仅占很小的比重。据此可以推测,宋元时期生活于海南岛的汉人和土著民族依赖薯蓣为食物,而这一传统在文献中最早可以追溯到上文所述《南方草木状》中。20 世纪初纂成的《崖州志》[29](p53~54)记载海南的薯蓣,"有大叶小叶二种。小叶蓣,俗名鸡卵薯,亦曰甜薯。藤细,有刺,叶圆。薯生累累,每一本或一二十不等。皮有细毛,形如鸡子。大叶蓣,俗名曰蔓薯。形似山药,有猪血蔓,牛脚蔓,皮色灰黑,长四五尺,掘取留根,来年复生。牛蹄蔓。种三种始收,重五六斤。……山药,俗名山薯,生于山中。入土极深,形似蔓。以上诸条非谷也。土人每以为粮,故附载之。"可以视为该种饮食传统的孑遗。

明万历年间(1573—1620),番薯引种中国大陆后,逐步动摇了薯蓣在饮食中原有的重要地位。番薯因其对贫瘠土地和不同气候良好的适应性以及较高的产量,获得当时地方官员的倡导并推广种植[30]。但不容忽视的是,先民对这种新物种的接受和开发实际是植根于该地区"以薯为粮"的传统之中。番薯近乎鸠占鹊巢似的逐步覆盖原有薯蓣的功能和影响。然而华南山地、丘陵和岛屿地区,仍存在部分土著民族以薯蓣为主食的现象。薯蓣成为部分土著民族逃逸山林,躲避中原王朝管控与征收赋税的物质保障而被先民选择并持续开发利用,有时还发挥塑造文化认同的功能[31]。

除了记录本土的文献记录之外,中国古代航海家记录的海外见闻为我们了解"以薯为粮"在东南亚地区的历史提供了珍贵的资料。元代汪大渊在《岛夷志略》[32]中记述了他在公元 1330 年和公元 1337 年两次飘洋过海亲身经历的南洋和西洋二百多个地方的地理、风土、物产。在他的这部亲身游历南洋的记录中,有六个地点存在"以薯为粮"的现象,它们环绕南中国海沿岸分布。麻里鲁,今菲律宾马尼拉。"小港迢递,入于其地。山隆而水多卤股石,林少,田高而瘠。民多种薯芋";尖山,今菲律宾巴拉望岛,"自有宇宙,兹山盘据于小东洋,卓然如文笔插霄汉,虽悬隔数百里,望之俨然。田地少,多种薯,炊以代饭";都督岸,今马来西亚砂拉越,"自海腰平原,津通淡港。土薄田肥,宜种谷,广栽薯芋";无枝拔,今马来西亚马六甲,"在阇麻罗华之东南,石山对峙。民垦辟山为田,鲜食,多种薯";龙牙菩提,今马来西亚吉打凌家卫岛,"环宇皆山,石排类门。无田耕种,但栽薯芋,蒸以代粮。当收之时,番家必堆贮数屋,如中原人积粮,以供岁用。食余则存,防下年之不熟也。"针路,今缅甸丹老群岛,"自马军山水路,由麻来坎至此地。地则山多卤股,田下等,少耕植。民种薯及胡芦、西瓜,兼采海螺、螃蛤、虾食之"。这些文献中提及的"薯芋"应该分别指"薯蓣(*Dioscorea* spp.)"和"芋(*Colocasia* spp.)"。薯蓣和芋在热带、亚热带地区均有长期开发利用和栽培的历史,两者可能是组合在一起栽培的[33]。

根据文献可知,龙牙菩提的古代居民在收获"薯芋"之时,将其"堆贮数屋,如中原人积粮,以供岁用",与之相似的现象也记录于著名人类学家布罗尼斯拉夫·马林诺夫斯基的名著《西太平洋上的航海者》[34]中。西太平洋所罗门海特罗布里恩群岛的土著居民将薯蓣收获后,堆在薯蓣仓中(图 5-4)。当地"中央区域的大村落全部建造得差不多符合几何规律。在中间,一圈薯蓣仓围着一个大圆场。这些薯蓣仓建在地桩上,正面装饰得非常精美,用粗大的圆木彼此交叉着垒叠成墙,这样也就留下了大缝隙,通过缝隙,贮存的薯蓣历历在目。"土著民族显然专门建造这些仓库用来堆放收获的薯蓣并大量利用,也通过拥有这样的财富以建立和强化其社会威信。另外,根据现代民族植物学调查结果显示,位于太平洋中北部夏威夷及太平洋东南部社会群岛的原住民也存在将薯蓣作为食物或医药用途的记录[35−37]。

a. 土著民族正在填满薯蓣仓,b. 土著首领的薯蓣仓

图 5-4　马林诺夫斯基观察到的薯蓣仓[34]

　　相似的自然地理景观与"背依华夏,面向南岛"的文化格局使得华南土著民族"以薯为粮"的传统与东南亚、太平洋地区南岛语族先民的食物生产活动一起共同构成了亚洲东南海洋地带土著民族饮食文化中基础圈层[38−40]。这个文化圈层可能与其他低纬度的赤道地区相似的饮食文化圈层存在交流,而与中纬度地区谷类作物为主要开发对象的农业生产地区的饮食文化传统存在明显差异,并保持交流互通[41]。

三、民族考古视野下的"以薯为粮"

"我即我食"（You are what you eat）——饮食文化作为构成人类文化的基础环节，不仅满足人类生物性需求，还发挥影响社会和认知领域的作用。人类学家可以通过观察、描述、分析某类食物在某一特殊人群或族群如何获取、生产、制作、消费等环节，来阐释族群与自然生态系统的关系，而这一过程反映了饮食文化与政治、经济、道德、伦理等方面的相互影响[42]。而考古学研究则为复原远古民族的相关问题提供长时段的研究视野和实物材料，为丰富关于古代社会经济的认识，进而重建古代人类文化经济亚系统提供支持[43]。

长期以来，中国考古学界对于古代先民生业经济的植物考古学研究，大多聚焦于中纬度地区的粟作农业和亚热带地区的稻作农业。大力开展对这些谷类作物生产的起源、传播和发展的历史复原工作。然而，对块根块茎类食物资源在中国华南地区特殊自然和人文环境下产生、发展和传播的历史面貌还不甚清楚，对于其产生的文化功能和价值更未给予应有的重视。目前有学者已经积极探索并提出了一系列概括性的认识，为这一研究领域"开辟山林"[44-51]。但仍有许多具体的植物考古学研究工作亟待积极开展，其中的基础工作便是先民利用野生和栽培块根块茎类植物的大植物遗存与微体植物遗存的发现、区别、鉴定与年代框架的确定。因此，华南地区出土块根块茎类植物的大植物遗存以及淀粉粒等微体植物遗存的发现和鉴定以及现代块根块茎类植物淀粉形态分析的工作就显得十分重要。这项工作将整合考古学和植物学的研究实践和相关成果[52-55]。

大植物遗存（macro-botanical remain）经常以炭化的形式保存在考古遗址当中，是研究古代人类植物利用的基础资料。2001年对广西桂林甑皮岩遗址的再次发掘中，赵志军研究员应用了浮选法获取并分析遗址中埋藏的大植物遗存，并从第一期至第五期文化层中都有发现炭化木、块茎、硬果壳和十余种不同的植物种子。炭化块茎无疑是十分重要的新发现。它们大多都是一些不规则形状的残块，除了个别保留一些可以帮助鉴定种属的特征外，其他都难以进行种属鉴定。一般认为这类块茎作物基本所有部位都可以被食用，很少留下遗存。在没有人类干预的情况下根茎作物的遗存很难保存至今。可见甑皮岩发现的应该是很早就被古代人类利用的根茎类食物。但究竟是什么种类的根茎作物仍难以确定。接下去利用现代根茎类食物的炭化标本与其对比研究，来尝试鉴定根茎的种属至关重要。

淀粉是葡萄糖分子聚合而成的长链化合物。淀粉粒（starch grain）主要贮藏在植物的根茎及种子的薄壁细胞细胞质中，作为微体植物遗存经常保留在人类生产工具的使用面上或缝隙处，有的在地层中也能够保存下来。淀粉粒分析对于研究古代人类利用富含淀粉的块根块茎类植物资源是非常有效的研究手段。吕烈丹教授最早将淀粉粒分析方法介绍进入中国植物考古学研究[56]，在对甑皮岩遗址出土石器表面残余物的分析中发现了芋（*Colocasia* spp.）的淀粉粒。葛威对淀粉粒分析的主要理论方法及其在考古学中的应用作了总结，并在甘肃西山遗址陶豆中发现了山药（*Dioscorea opposita*）的淀粉粒，提供了先秦时期先民食用薯蓣的植物考古证据[57]。万智巍等学者于 2012 年发表了在距今 5000—4000 年的樊城堆遗址、拾年山遗址、筑卫城遗址和尹家坪遗址新石器晚期文化层出土的 13 件石器工具上发现有不少的根茎类淀粉粒[58]。同时，在距今 4500—3500 年的社山头遗址出土陶器内壁的残留物中也发现有块根块茎类植物的淀粉粒[59]。由于针对华南地区遗址出土石器工具的淀粉粒分析工作刚刚起步，明确的薯蓣淀粉粒仍很少报道。2015 年吴文婉发表了关于辽宁阜新查海遗址出土石器的淀粉粒分析报告，其中有一类淀粉的特征与薯蓣属的淀粉粒特征相符[60]。

相比于国内，在太平洋群岛地区较多的史前遗址发现有薯蓣（*Dioscorea* spp.）的淀粉粒[61-68]（表 5-3）。另外，在一些研究中，有学者还发现并鉴定出薯蓣块茎的木质部以及针状草酸钙晶体[62,67]。对这些研究成果的吸收并在华南地区考古遗址中加以利用，是探索华南早期土著民族利用块根块茎类植物资源的有效途径，也加深对"以薯为粮"在跨文化互动研究中学术价值的理解。目前的研究显示薯蓣在全新世早期就可能已经被太平洋群岛地区的先民开发和利用，它们既是狩猎采集者依赖的主要食物资源，又是后来农业人群重要的食物来源之一，两者互相交流补充，形成一套独特的雨林生存策略[69]。以往的观点认为这一类园艺种植实践（the practice of horticulture）是起源于亚洲东南部，随着南岛语族在太平洋地区的扩散而传播到许多太平洋群岛[70]。另外，根据植物考古研究成果也有一些学者认为新几内亚有可能是一个独立的园艺种植业的起源中心，该地区独立发展出一个独特的农业类型[71]。总的看来，包括华南在内的亚洲东南海洋地带与东南亚及太平洋岛屿地区等都存在着对薯蓣资源的开发、栽培和传播的鲜活历史,这些一道构成了一个"以薯为粮"饮食文化的基础圈层,跨越广阔的历史时空中发挥着其独特的作用,而其内涵仍需要考古学研究继续发掘和阐释。

表 5-3　太平洋群岛地区发现薯蓣淀粉粒等微体植物遗存的考古遗址

地点	国家/地区	年代	遗存	参考文献
Ivane valley	新几内亚	49000—36000 BP	薯蓣(*Dioscorea* spp.)淀粉粒	[64]
Kilu Cave	所罗门群岛	28700—20100 BP	薯蓣(*Dioscorea* sp.)淀粉粒	[61]
Kuk Swamp	巴布亚新几内亚	10,220—9910 cal BP	薯蓣(*Dioscorea* spp.)淀粉粒	[63]
		6950—6440 cal BP	薯蓣(*Dioscorea* spp.)淀粉粒	
Bourewa	斐济	3050—2500 cal BP	甜薯(*D. esculenta*)淀粉粒和木质部	[67]
Me′Aure′Cave	新喀里多尼亚	2700—1800 BP	甜薯(*D. esculenta*)淀粉粒 薯蓣(*Dioscorea* sp.)淀粉粒	[66]
TeNiu	复活节岛	AD 1400s	参薯(*D. alata*)淀粉粒	[68]
Motutangi	新西兰	AD 1450—1650	薯蓣(*Dioscorea* sp.)淀粉粒和木质部	[62]

四、结　　语

中国华南土著民族开发多种块根块茎类植物作为食物的主要来源,薯蓣便是其中不可忽视的一类。薯蓣适应华南地区的自然气候,种类丰富,富含淀粉,加工程序相对简单,所以可能成为土著民族食物的首选。当前,由于保存条件和技术水平的限制,这类植物遗存的发现十分有限。但随着越来越多植物考古工作在华南地区的开展,我们相信有望找到薯蓣早期利用的植物考古证据,构建起年代框架,逐步复原出亚洲东南海洋地带土著民族经济文化亚系统重要环节的具体面貌。

参考文献

[1]Coursey,D. G. Yams [M]. Longmans-Green,London,1967.

[2]万金荣,丁志遵,秦慧贞. 薯蓣科植物地理学的研究[J]. 西北植物学报,1994(2):

128－135.

[3]Harris,D. R. The Origins of Agriculture in the Tropics[J]. American Scientist,1972,60(60):180－193.

[4]徐有明,李双来,郭治成等. 薯蓣属植物基础研究进展与开发利用[J]. 湖北林业科技,2005(3):37－41.

[5]中国科学院北京植物研究所主编. 中国高等植物图鉴(第5册)[M]. 北京:科学出版社,1976:555－569.

[6]LinusOpara. 2003. Yams [M]. Post-Harvest Operation. http://www. fao. org/fileadmin/user_upload/inpho/docs/Post_Harvest_Compendium_－_Yams. pdf

[7]刘鹏,郭水良,吕洪飞,谢小伟,吴晓渊. 中国薯蓣属植物的研究综述[J]. 浙江师大学报(自然科学版),1993(4):100－106.

[8]凌纯声. 中国古代海洋文化与亚洲地中海,中国边疆民族与环太平洋文化[M].台北:联经图书,1979.

[9]吴春明. 中国东南土著民族历史与文化的考古学观察[M].厦门:厦门大学出版社,1999.

[10] Hather J G. The archaeobotany of subsistence in the Pacific [J]. World Archaeology,1992,24(1):70－81.

[11]Yen D E. The origins of subsistence agriculture in Oceania and the potentials for future tropical food crops.[J]. Economic Botany,1993,47(1):3－14.

[12]梁小娟,杜伟锋,张云等. 参薯研究进展[J]. 中华中医药学刊,2011(5):1085－1087.

[13]钟明哲,杨志凯. 台湾民族植物图鉴[M].台中:晨星出版有限公司,2012:378－387.

[14]谢兴源. 山药的主要成分及其应用价值[J].现代农业科技,2009 (6):76－78.

[15]同[5]

[16]同[13]

[17]Lebot V. Tropical Root and Tuber Crops[M]. 2008.

[18]吴春明. 从百越土著到南岛海洋文化[M].北京:文物出版社,2012.

[19]袁珂.山海经校注[M].上海:上海古籍出版社,1980.

[20](宋)高承. 事物纪原[M],(明)李果订,金圆,许沛藻点校,北京:中华书局,1989:554.

[21]夏鼐. 略谈番薯和薯蓣[J]. 文物,1961(8):58－59.

[22](东汉)杨孚.《异物志》(《吴永章辑佚校注》)[Z],广州:广东人民出版社,2010.

[23]同[19]

[24](晋)嵇含. 南方草木状[M]. 宋百川学海本.

[25](唐)段公路.北户录 [M].扬州:广陵书社,2003:72.

[26](唐)苏敬.《新修本草》(辑复本第二版)[Z].尚志钧辑校,合肥:安徽科学出版社,2004.

[27](明)唐胄.《(正德)琼台志》上册[Z].彭静中点校,海口:海南出版社,2006:159.

[28]《苏东坡全集》[Z],北京:中国书店,1986:59.

[29](清)张嶲,邢定纶,赵以谦(濂).《崖州志》[Z].郭沫若点校,广州:广东人民出版社,1983:53—54.

[30]同[21]

[31]吴旭.中国南方民族的"异味"饮食与逃逸文化[J].华东师范大学学报(哲学社会科学版),2014(2).

[32]苏继顤.《岛夷志略校释》[M].(元)汪大渊原著,北京:中华书局,1981:89,135,172,38,190,126.

[33]Spriggs M. The Island Melanesians[M]. The island Melanesians. Blackwell,1997.

[34]布罗尼斯拉夫·马林诺夫斯基.《西太平洋上的航海者》[M].北京:中国社会科学出版社,2009:23—25.

[35]Malo,David. Hawaiian Antiquities[M]. Honolulu. Hawaiian Gazette Co.,Ltd.,1903:67.

[36]Akana,Akaiko. Hawaiian Herbs of Medicinal Value[M]. Honolulu: Pacific Book House,1922:37.

[37]Lepofsky D. The ethnobotany of cultivated plants of the Maohi of the society islands[J]. Economic Botany,2014,57(57):73—92.

[38]赵济.中国自然地理[M].北京:高等教育出版社,1995:248—249,252.

[39]吴春明.中国东南土著民族历史与文化的考古学观察[M].厦门:厦门大学出版社,1999:63—72.

[40]吴春明.民族考古与华南民族史、文化史的考古学重建——《南方文物》"民族考古"专栏主持辞[J].南方文物,2008(2):82—92.

[41]同[1]

[42]彭兆荣.饮食人类学[M].北京:北京大学出版社,2013:1—19.

[43]同[40]

[44]Huilin L. The origin of cultivated plants in Southeast Asia[J]. Economic Botany,1970,24(1):3—19.

[45]张光直.中国东南海岸的"富裕的食物采集文化"[C].上海博物馆集刊(第四辑),1987,引自中国考古学论文集,北京:三联书店,1999.

[46]童恩正.中国南方农业的起源及其特征[J].农业考古,1989(2):57—71.

[47]罗桂环.我国薯芋类作物的栽培起源和发展[J],古今农业,2000(2):23—29.

[48]陈光良.海南"薯粮"考[J],农业考古,2005(1):110—114.

[49]吕烈丹.桂林地区更新世末期到全新世初期的史前经济和文化发展[J].考古学研

究,2008:333—353.

[50]李意愿. 东南亚地区农业起源研究综论 [J],东南文化,2011(4)：35—41.

[51]Zhao Z. New Archaeobotanic Data for the Study of the Origins of Agriculture in China[J]. Current Anthropology,2011：S295—S306.

[52]赵志军. 广西桂林甑皮岩遗址植物遗存分析报告[C]. 植物考古学:理论、方法和实践,科学出版社,2010:71—89.

[53]杨晓燕,吕厚远,夏正楷. 植物淀粉粒分析在考古学中的应用[J]. 考古与文物,2006(3):87—91.

[54]杭悦宇,徐珞珊,史德荣等. 中国薯蓣属植物地下茎淀粉粒形态特征及其分类学意义[J]. 植物资源与环境学报,2006,15(4):1—8.

[55]万智巍,杨晓燕,葛全胜,蒋梅鑫. 中国南方现代块根块茎类植物淀粉粒形态分析[J].第四纪研究,2011(4)：736—745.

[56]吕烈丹. 考古器物的残余物分析 [J]. 文物,2002 (5)：83—91.

[57]葛威:淀粉粒分析在考古学中的应用[D],合肥:中国科学技术大学,2010.

[58]万智巍,杨晓燕,葛全胜,等. 淀粉粒分析揭示的赣江中游地区新石器晚期人类对植物的利用情况[J]. 中国科学:地球科学,2012(10):1582—1589.

[59]万智巍,杨晓燕,葛全胜,蒋梅鑫. 中国南方现代块根块茎类植物淀粉粒形态分析[J]. 第四纪研究,2011(4):736—745.

[60]吴文婉. 辽宁阜新查海遗址生业经济初步分析:来自石器淀粉粒分析结果的指示[J]. 农业考古,2015(3):1—9.

[61]Loy T. H. ,Spriggs M. ,Wickler S. ,et al. Direct evidence for human use of plants 28,000 years ago：starch residues on stone artefacts from the northern Solomon Islands[J]. Antiquity,1992,66(253)：898—912.

[62]Horrocks M,Barber I. Microfossils of introduced starch cultigens from an early wetland ditch in New Zealand[J]. Archaeology in Oceania,2005,40(3):106—114.

[63]Fullagar R. ,Field J. ,Denham T. ,et al. Early and mid-Holocene tool-use and processing of taro (*Colocasiaesculenta*),yam (*Dioscorea* sp.) and other plants at Kuk Swamp in the highlands of Papua New Guinea[J]. Journal of Archaeological Science,2006,33(5)：595—614.

[64]Summerhayes G. R. ,Leavesley M. ,Fairbairn A. ,et al. Human Adaptation and Plant Use in Highland New Guinea 49,000 to 44,000 Years Ago[J]. Science,2010,330(6000)：78—81.

[65]Horrocks M. ,Bedford S. Introduced *Dioscorea* spp. starch in Lapita and later deposits,Vao Island,Vanuatu[J]. New Zealand Journal of Botany,2010：179—183.

[66] Horrocks M, Grant-Mackie J, Matisoo-Smith E. Introduced taro (*Colocasiaesculenta*) and yams (*Dioscorea*spp.) in Podtanean (2700—1800 years BP)

deposits from MéAuré Cave （WMD007）, Moindou, New Caledonia ［J］. Journal of Archaeological Science,2008,35(1):169－180.

［67］Horrocks M,Nunn P D. Evidence for introduced taro （*Colocasiaesculenta*） and lesser yam （*Dioscoreaesculenta*） in Lapita-era （c. 3050—2500cal. yrBP） deposits from Bourewa,southwest Viti Levu Island,Fiji［J］. Journal of Archaeological Science,2007,34(5): 739－748.

［68］Horrocks M,Wozniak J A. Plant microfossil analysis reveals disturbed forest and a mixed-crop,dryland production system at TeNiu,Easter Island［J］. Journal of Archaeological Science,2008,35(1):126－142.

［69］Bahuchet S, Mckey D, Garine I D. Wild yams revisited: Is independence from agriculture possible for rain forest hunter-gatherers? ［J］. Human Ecology,1991,19(2):213 －243.

［70］同［10］

［71］同［61］

第六章

试论华南早期农业特征

✳ 杜　娟

摘要: 华南地区在特殊的自然环境下形成了一种以采集或种植块根茎植物为主的原始农业。为了考察这一传统的形成过程及变化,本文对古籍和土著民族志中关于这一地区古代民族的植物性食谱记录以及华南及东南亚考古遗址出土的植物考古资料进行了分析。结果显示,自旧石器时代晚期,块根茎类植物在华南民族饮食中已经占据主导地位,并持续到历史时期。即使在水稻传入之后,块根茎类植物仍然在华南族群的食物资源中扮演重要角色。

中国幅员辽阔,地理环境复杂多样,不同区域生态环境差异明显。生活在特定区域的人们所选择利用的植物与这个区域特定的生态背景密不可分。因此,不同的生态环境便孕育出了具有不同特点的农业形态。传统观点认为,中国的原始农业可分为两个独立起源和发展的区域:以秦岭和淮河为界,干燥的北方地区形成了以粟、黍为主的旱作农业区;温润多雨的南方地区形成了以稻类为主要作物的稻作农业区。[1]但是,赵志军先生根据最新的考古发现和研究成果提出,中国的原始农业的起源中心不是两个,而是三个。除华北地区以种植粟和黍为代表的北方旱作农业,江淮和江南地区以种植稻谷为特点的古代稻作农业区外,华南地区还存在着独立的原始农业起源和发展脉络。[2]

华南地区主要是指五岭以南的江西部分地区以及福建、两广、海南等省全境。由于东南亚地区的生态条件及植物种类与华南地区大同小异,并且事实上,在农业起源问题上它与华南密不可分,遂也将其列入讨论的范围内。就自然环境而言,这一区域气候温暖潮湿,降水充沛,酸性土壤广布,山地、丘陵相间,地形落差大,植被类型复杂多样、垂直变化大,种类极其丰富。因此,华南的古代民族在这种独特的自然环境下,形成了完全不同于华北地区以粟黍等谷物为主的植物利用体系;与长江流域以种植稻谷为特点的稻作区亦有差别,而是一种以芋为代表的块茎作物原始农业。[2]

以往,大多数学者在讨论古代民族原始农业形态的问题时,都将注意力集中在文献记载丰富、考古发现众多的北方地区和长江流域,对于华南地区的研究远不及北方地区深入。中国古代民族的农业发展史不应当只是稻作和粟黍类植物的发展史,块根茎类植物的栽培也是华南史前农业的重要组成部分。因此,本文拟初步梳理华南古籍、土著民族志中关于这一地区古代民族的植物性食谱,再结合华南及东南亚考古遗址出土的实物资料,试图能够客观地反映出块根茎类植物在华南民族饮食中所占的地位,进一步厘清华南早期农业的特点。

一、华南"不业耕稼,惟掘地种甘藷"[3](卷上草类甘藷条下)

20 世纪 80 年代就有中国学者提出,华南地区在栽培稻米之前存在一个栽培无性繁殖的块根、块茎作物的时代[4]。他们认为,这里最初的农业是以种植根茎类植物和果树为主的园圃式农业[5]。最早的农人是以栽培芋头、薯蓣等块根植物为食的[6]。块根、块茎类植物是指那些具有膨大的根茎且其中富含大量淀粉,可以为人类提供大量热能,因此成为人类重要的食物来源的植物,如芋头、参薯、山药、莲藕等。在华南古籍、土著民族志中,有诸多关于本地特殊饮食内容的记载,下面即通过这些记载来探讨当地植物性食物的情况及根茎类植物在华南民族饮食中所占的地位。

《异物志》[7]是东汉末年专门记载周边地区及国家新异物产的典籍。作者杨孚为南海人,曾为"议郎"。杨孚就所闻所见,杂而记之,其言真实可信。文献中关于汉代华南地区特有植物利用情况的记载见表 6-1。

其中,块根类植物"藷"的记录一共出现了 2 次,"儋耳夷……食藷,纺绩为业"[7](p3)。儋耳夷是生活在今海南岛北部的南方少数民族,这里所提到的"食藷"与"纺织为业"相对应,"藷"应该是这个地区先民此时主要的食物。又有"甘藷……南人专食以当米谷",据石声汉先生的注,此处的"甘藷",不是十六世纪传入中国的红薯,而是薯蓣科的几种植物,如甘薯(*Dioscorea esculenta*)、薯蓣(*Dioscorea opposita*)或参薯(*Dioscorea alata*)(图 6-1)。就是说,在汉末时期,黎民是以薯蓣科的几种植物为主要的食物来源。

表 6-1　《异物志》关于华南植物性食物的记载

植物名称	记　　载
藷	儋耳夷,生则镂其头皮,尾相连并,镂其耳匡为数行与颊相连,状如鸡腹,下垂肩上。食藷,纺绩为业[7] (p3)。甘藷,似芋,亦有巨魁。剥去皮肌肉正白如脂肪,南人专食以当米穀[7] (p15)。
香蕉	芭蕉……其实皮赤如火,剖之中黑。剥其皮,食其肉,如蜜甚美。食之四五枚可饱,而余滋味犹在齿牙间。一名甘蕉[7] (p15)。
椰树	椰树高六七丈,无枝叶,如束蒲在其上,实如瓠,系在于山头,若挂物焉。实外有皮如胡卢,核里有肤,白如雪,厚半寸,如猪肤。食之美于胡桃味也。肤里有汁升余,其清如水,其味美于蜜。食其肤,可以不饥,食其汁则御渴,俗人谓之越王头[7] (p11)。
槟榔	槟榔若笋竹生竿,种之精硬,引茎直上,不生枝叶,其状若桂。……无花而为实,大如桃李。又棘针重累其下,所以卫其实也。剖其上皮,煮其肤,熟而贯之,硬如干枣。以扶留古贲灰并食,下气及宿食白虫消穀,饮啖设为口实[7] (p11)。
甘蔗	交趾草,滋大者数寸,煎之凝若冰,破如博棋,谓之石蜜。交趾所产甘蔗特醇好,本末无薄厚,其味至均。围数寸,长丈余,颇似竹。斩而食之,即甘;连取汁为饴饧,名之曰"糖",盖复珍也。又煎而曝之,既凝而冰,破如砖,其食之入口消释,时人谓之石蜜者也[7] (p14)。
荔枝	荔枝为果多汁,味甘绝口,又小酸,所以成其味。可饱食,不可使厌。生时大如鸡子,其肤光泽,皮中食干则醋[7] (p11)。
橘	橘树,白花而赤实,皮馨香,又有善味。江南有之,不生他所[7] (p12)。
杨桃	三廉大实,实不但三,食之多汁,味酸且甘,藏之尤好。与众果相参[7] (p12)。
橄榄	橄榄生南海浦屿间。树高丈余,其实如枣,三月有花生,至八月方熟甚香。木高大难采,以盐擦木身,则其实自落[7] (p12)。
水稻	交趾稻夏冬又熟农者一岁再种[7] (p14)

续表

植物名称	记　　载
石发	石发,海草,生海中石上,蒙生。长尺余,大小如韭,叶似席莞,而株茎无枝,以肉杂而蒸之,味极美。食之近不知足。 石发,出海上,纤长如丝缕,浅绿色。置食肴中极可爱。然易烂,而薄于味[7](p14)。
姜汇	姜汇,大如累,气猛,近于臭,南土人捣之以为菹,菱,一名廉姜,生沙石中,姜类也。其累大,辛而香,削皮以黑梅并盐汁渍之则成也,始安有之[7](p12)。
益智	益智,类薏苡。实长寸许,如枳椇子,味辛辣,饮酒食之佳。 益智子,如笔毫,长七八分,二月花,色若莲,着实,五六月熟。味辛,杂五味中芬芳,亦可盐曝。出交趾合浦。建安八年,交州刺史张津,尝以益智子粽饷魏武帝[7](p13)。
豆蔻	豆蔻生交趾,其根似姜而大,从根中生,形似益智,皮壳小厚,核如石榴,辛且香[7](p15)。

图 6-1　薯蓣形态描绘
(引自清《植物名实图考》卷三"薯蓣"条下)

　　甘蔗的记载一共出现了 2 次,由文献可知,甘蔗主要被用于制糖,是华南地区主要的经济作物。

　　而芭蕉、椰子、槟榔、荔枝、橘、杨桃、橄榄等的记录均出现过一次。这几种浆果类的植物主要是作为当地人的水果、饮料以及日常小食之用。

除此之外，还可看到有关于越南种植双季稻的记载。姜汇，益智和豆蔻等作为常用的香料也有出现。

可见，在东汉时期，华南先民利用的植物范围非常广泛。根茎类植物薯是他们重要的主食，甘蔗、芭蕉、椰子等果品是主要的经济作物，他们还采用少量的香料。

《续博物志》[8]，晋李石撰，书中也有描述华南饮食的内容（表 6-2）。《南方草木状》[3]，晋嵇含撰，成书于公元 304 年，是作者在军旅中悉心访问当地风土习俗，将别人讲述的岭南一带的奇花异草整理、编辑而成，详见表 6-3。

表 6-2　《续博物志》关于华南植物性食物的记载

植物名称	记载
藕	藕与蜜同食，可以休粮[8]（卷十）。
柚	柚似橙而大于橘[8]（卷十）。
荔枝、龙眼	汉孝和时，南海献龙眼荔枝，十里一置，五里一候[8]（卷六）。
薏苡	薏苡，一名簳珠。收子蒸令气馏，曝干挼取之作饭面，主不饥[8]（卷十）。
粟	粳粟米，五谷中最硬，得浆水易化。仓粳米，炊作干饭，食之止痢[8]（卷十）。

由表 6-2 可知，根茎类植物藕（图 6-2）可代替粮食；薏苡和粟的记载主要从药用入手，被用于疗饥、止痢；柚、荔枝和龙眼是当地重要的经济作物，还被用于岁贡。

根据《南方草木状》的记载，公元四世纪，南方人的饮食习惯与汉代并无太大差异。仍然"不业耕稼，惟掘地种甘藷"，以块根植物甘藷（图 6-3）为主食。由图可知，"黎峒薯"、"鬼薯"应是薯蓣科的甜薯（*Dioscorea esculenta L.*），琼州"甜薯"是薯蓣科的参薯（*Dioscorea alata L.*），又被称为"毛薯"。食用方法或直接蒸食，亦或是切块晾干用于长期储存。

图 6-2　古籍中藕的形态

（引自明《救荒本草》卷七"莲藕"条下）

而香蕉、椰树这两种作物偶尔也可作为主食，抵御饥饿。荔枝、龙眼、橘等是当地常食用的水果,甘蔗仍被用于制糖,多种果树是当地的经济作物。除此之外,出现了茄子、空心菜的记录,姜汇、豆蔻、荜茇、益智作为常用的佐料也被提到。

表 6-3 《南方草木状》关于华南植物性食物的记载

植物名称	记　载
藷	甘藷,盖薯蓣之类,或曰芋之类。根叶亦如芋,实如拳,有大如瓯者,皮紫而肉白,蒸鬻食之,味如薯蓣,性不甚冷。旧珠崖之地,海中之人,皆不业耕稼,惟掘地种甘藷,秋熟收,之蒸晒切如米粒。仓圌贮之,以充粮糒,是名藷粮。北方人至者,或盛具牛,豕脍炙,而末以甘藷荐之,若粳粟然。大抵南人二毛者,百无一二,惟海中之人,寿百余岁者,由不食五穀,而食甘藷故尔[3](卷上草类甘藷条下)
香蕉	甘蕉望之如树……百余子大名为房相连累,甜美亦可蜜藏……一名芭蕉,或曰巴苴,剥其子上皮,色黄白,味似蒲萄,甜而脆,亦疗饥[3](卷上草类甘蕉条下)。
椰树	椰树……其实大如寒瓜,外有麤皮,次有壳,圆而且坚,剖之有白肤,厚半寸,味似胡桃而极肥美,有浆,饮之得醉[3](卷下果类椰树条下)。
槟榔	槟榔树……叶下系数房,房缀数十实,实大如桃李……味苦涩。剖其皮,鬻其肤,熟如贯之,坚如干枣,以扶留藤、古贲灰并食,则滑美,下气消谷。出林邑[3](卷下果类槟榔树条下)。
甘蔗	諸蔗,一曰甘蔗……南人云甘蔗可消酒,又名干蔗。司马相如乐歌曰:太尊蔗浆折朝醒,是其义也。泰康六年,扶南国贡诸蔗,一丈三节[3](卷上草类諸蔗条下)。
荔枝	荔枝树,高五六丈余,如桂树。绿叶蓬蓬,冬夏荣茂,青华朱实。实大如鸡子,核黄黑似熟莲,实白如肪,甘而多汁,似安石榴。有甜酢者,至日将中,翕然俱赤,则可食也[3](卷下果类荔枝树条下)。
龙眼	龙眼,树如荔枝,但枝叶稍小。壳青黄色,形圆如弹丸,核如木梡子而不坚。肉白而带浆,其甘如蜜,一朵五六十颗作穗,如蒲萄然。荔枝过即龙眼熟,故谓之'荔枝奴',言常随其后也。《东观汉记》曰:单于来朝,赐橙、橘、龙眼、荔枝。魏文帝诏群臣曰:南方果之珍异者,有龙眼、荔枝,令岁贡焉。出九真、交趾[3](卷下果类龙眼树条下)。

续表

植物名称	记　载
杨梅	杨梅,其子如弹丸,正赤。五月中熟,熟时似梅,其味甜酸。陆贾《南越行纪》曰:罗浮山顶有胡杨梅,山桃绕其际,海人时登采拾,止得于上饱噉,不得持下。东方朔《林邑记》曰:林邑山杨梅,其大如杯碗,青时极酸;既红,味如崖蜜。以酝酒,号梅香酎,非贵人重客,不得饮之[3](卷下果类杨梅条下)。
橘	橘……自汉武帝,交趾有橘官长一人,秩二百石,主贡御橘。吴黄武中,交趾太守士燮,献橘十七实同一蒂,以为瑞异,群臣毕贺[3](卷下果类橘条下)。
柑	柑,乃橘之属,滋味甘美特异者也。有黄者,有赪者,赪者谓之壶柑。交趾人以席囊贮蚁,鬻于市者,其窠如薄絮,囊皆连枝叶,蚁在其中,并窠而卖,蚁赤黄色,大于常蚁,南方柑树,若无此蚁,则其实皆为群蠹所伤,无复一完者矣。今华林园有柑二株,遇结实,上命群臣宴饮于旁,摘而分赐焉[3](卷下果类柑条下)。
杨桃	五敛子,大如木瓜,黄色,皮肉脆软,味极酸,上有五棱,如刻出,南人呼棱为敛,故以为名。以蜜渍之,甘酢而美,出南海[3](卷下果类五敛子条下)。
橄榄	橄榄树,身耸,枝皆高数丈。其子深秋方熟,味虽苦涩,咀之芬馥,胜含鸡骨香[3](卷下果类橄榄树条下)。
茄子	茄树,交广草木经冬不衰,故蔬圃之中种茄,宿根有三五年者,渐长枝干,乃成大树。每夏秋盛熟则梯树采之。五年后,树老子稀,即伐去之,别栽嫩者[3](卷上草类茄树条下)。
绰菜	绰菜,夏生于池沼间,叶类茨菰,根如藕条,南海人食之云:令人思睡,呼为瞑菜[3](卷上草类绰菜条下)。
空心菜	蕹叶如落葵而小,性冷味甘,南人编苇为筏,作小孔浮于水上,种子于水中则如萍根浮水面。及长,茎叶皆出于苇筏孔中,随水上下,南方之奇蔬也[3](卷上草类蕹条下)。
姜汇	山姜花,茎叶即姜也。根不堪食,于叶间吐花,作穗如麦,粒软红色,煎服之,治冷气甚效。出九真、交趾[3](卷上草类山姜花条下)。

续表

植物名称	记 载
益智	益智子,如笔毫,长七八分,二月花,色若莲,着实,五六月熟。味辛,杂五味中芬芳,亦可盐曝。出交趾合浦。建安八年,交州刺史张津,尝以益智子粽饷魏武帝[3](卷中木类益智子条下)。
豆蔻	豆蔻花,其苗如芦,其叶似姜,其花作穗嫩,叶卷之而生。花微红,穗头深色,叶渐舒,花渐出,旧说此花食之,破气消痰,进酒增倍。泰康二年,交州贡一筐,上试之有验,以赐近臣[3](卷上草类豆蔻花条下)。
蒟酱	蒟酱,荜茇也。生于蕃国者,大而紫,谓之荜茇,生于番禺者,小而青,谓之蒟焉。可以调食,故谓之酱焉,交趾九真人家多种,蔓生[3](卷上草类蒟酱条下)。
桄榔	桄榔……皮中有屑如面,多者至数斛,食之与常面无异。木性如竹,紫黑色,有文理……出九真交趾[3](卷中木类桄榔条下)。

因此,公元 4 世纪时,"甘薯"仍然作为华南先民的主食,谷物类的食物增加了薏苡和粟两种,但主要被用于食疗。香蕉、荔枝等仍然是当地重要的经济作物。香料的种类也有所增加。

《北户录》[9],唐段公路著,是唐代岭南的风土录,尤详于地方物产。具体内容可见表 6-4。

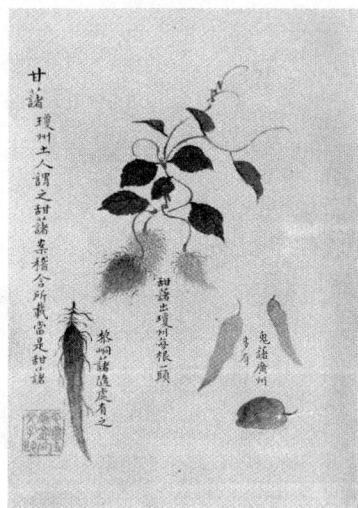

图 6-3 甘薯

(引自《南方草木状》,第 7 页)

表 6-4　《北户录》关于华南植物性食物的记载

植物名称	记　载
藷	今高州多采藷为麻饼,绝宜人。味极芳美,方言云,人谓薯蓣为储,是也[9](卷二米下)。
橘	山橘子冬熟,有大如土瓜者,次如弹丸者,皮薄下气。普宁多之。南人以蜜渍和皮而食,作琥珀色,滋味绝佳,岂比汉人之吴合皮唊橘,以为笑也[9](卷三山橘子下)。
橄榄	橄榄子,八九月熟,其大如枣,《广志》云有大如鸡子者,南人重其真味。一说香口绝胜鸡舌香,亦堪煮饮,饮之能销酒[9](卷三橄榄子下)。
杨梅	杨梅叶如龙眼树,如冬青,一名朹。潘州有白色者,甜而绝大。郑公虔云:越州客山有白熟杨梅。《兼名苑》云东兴县有大如鸡卵杨梅。《博物志》云:地有章名,则多杨梅,得非误耶?《南越志》安章县白蜀里多杨梅。求之。白蜀去章远矣[9](卷三白杨梅下)。
荔枝	南方果之美者有欓支。梧州火山者,夏初先熟而味小劣,其高潘州者最佳,五六月方熟,有无核类鸡卵大者,其肪莹白,不减水精,性热,液甘,乃奇实也。又有蜡荔支作青黄色,亦绝美[9](卷三无核荔枝下)。
龙眼	岭中荔枝才尽,龙眼子方熟。大如弹丸,皮褐肉白而味过甜[9](卷三龙眼子下)。
桄榔	桄榔,茎叶与波斯枣古散(古散堪为拄杖)、椰子、槟榔小异,其木如莎树皮,穰木皮出面可食[9](卷二桄榔炙下)。
芜菁	韶州菜有芜菁,郡人采之为菹,脆而且甘,不失北中味也[9](卷三无核荔枝下)(卷二食目下)。
水韭	水韭,生于池塘中,叶似韭,有二三尺者,五六月堪食,不荤而脆,得非龙爪薤乎[9](卷二水韭下)?
薙菜	薙菜,叶如柳,三月生,性冷味甜。土人织苇簿,长丈余,阔三四尺,植于水上,其根如萍,寄水上,下可和畦卖也[9](卷二薙菜下)。

从唐代的记录来看,岭南人依然保持原有的饮食习惯。高州位于今广东省西南部,这里的人仍以薯蓣科的植物为主要的食物来源。

橘、橄榄、杨梅、荔枝、龙眼作为主要的经济作物,或是用于岁贡。芜菁、水韭等绿叶菜是他们常食用的蔬菜。

《岭外代答》[10]，宋周去非著。作者为今浙江人，南宋孝宗淳熙初曾在静江府任职，东归后撰此书。记载了宋代岭南地区的社会经济、少数民族的生活风俗以及物产资源。有关于当地植物性食物的记载见表6-5。

表6-5 《岭外代答》关于华南植物性食物的记载

植物名称	记 载
芋	猺人耕山为生，以粟豆芋魁充粮[10]（卷三外国门下猺人下）。
水稻	静江民间获禾，取禾心一茎薹，连穗收之，谓之清冷禾。屋角为大木槽，将食时，取禾桩于槽中，其声如僧寺之木鱼。女伴以意运杵成音韵，名曰桩堂。每旦及日昃，则桩堂之声，四闻可听[10]（卷四风土门椿堂下）。 静江民颇力于田。其耕也，先施人工犁，乃以牛平之。踏犁形如匙，长六尺许，末施横木一尺余，此两手所捉处也。犁柄之中，于其左边施短柄焉，此左脚所踏处也。踏，可耕三尺，则释左脚，而以两手翻泥，谓之一进。迤逦而前，泥垄悉成行列，不异牛耕。子尝料之，踏犁五日，可当牛犁一日，又不若牛犁之深于土[10]（卷四风土门踏犁下）。
香蕉	芭蕉，极大者凌冬不凋……花谢有实，一穗数枚，如肥皂，长数寸。去皮取肉，软烂如绿柿，极甘冷。四季实。以梅汁渍，暴干按扁，所云芭蕉干是也[10]（卷八花木门蕉子下）。
椰树	椰木……果之大者，惟此与波罗蜜耳。初采，皮甚青嫩，已而变黄，久则枯干。皮中子殻可为器，子中穰白如玉，味美如牛乳，穰中酒新者极清芳，久则浑浊不堪饮[10]（卷八花木门椰子木下）。
槟榔	自福建下四川与广东、西路，皆食槟榔者。客至不设茶，唯以槟榔为礼。……广州又加丁香、桂花、三赖子诸香药，谓之香药槟榔。唯广州为甚，不以贫富、长幼、男女，自朝至暮，宁不食饭，唯嗜槟榔。……昼则就盘更啖，夜则置盘枕旁，觉即啖之。中下细民，一家日费槟榔钱百余。有嘲广人曰："路上行人口似羊。"……交趾使者亦食之。询之于人："何为酷嗜如此？"答曰："辟瘴、下气、消食。"[10]（卷六食用门槟榔下）。 槟榔生海南黎峒，亦产交趾。木如棕榈。结子叶间如柳条，颗颗丛缀其上，春取之为软槟榔，极可口；夏秋采而干之为米槟榔，渍之以盐为盐槟榔；小而尖者为鸡心槟榔；大而匾者为大腹子。悉下气药也。海商贩之，琼管收其征，岁计居什之伍。广州税务收槟榔税，岁数万缗。推是，则诸处所收，与人之所取，不可胜计矣[10]（卷八花木门槟榔下）。
柠檬	黎朦子，如大梅，复似小橘。味极酸。或云自南蕃来。番禺人多不用醯，专以此物调羹，其酸可知。又以蜜煎盐渍暴干，收食之[10]（卷八花木门百子下）。

续表

植物名称	记　载
荔枝	荔枝,广西诸郡所产,率皮厚肉薄,核大味酸,不宜曝干,非闽中比,佳者莫如兴化。海南荔子,可比闽中,不及兴化矣[10](卷八花木门荔枝圆眼下)
柚	柚,南州名臭柚,大如瓜,人亦食之。皮甚厚,瓤极小。……赤柚子,如橄榄,皮青而肉赤。春实[10](卷八花木门柚子下)
杨桃	五棱子……形甚诡异。瓣五出,如田家碌碡状。皮黄,甚薄。味酸,久则微甘。朴切之,或以蜜渍,始可食。闽中亦有之,谓之羊桃[10](卷八花木门百子下)
石发	石发,出海上,纤长如丝缕,浅绿色。置食肴中极可爱。然易烂,而薄于味[10](卷八花木门石发下)
㼜菜	㼜菜,出海上,细如苕带,㼜如薤韭。长一二尺,亦宜盘箸,比石发差有味。筋韧可咀嚼[10](卷八花木门㼜菜下)
钓丝竹	钓丝竹,身叶皆类篱竹,枝极柔弱,垂下摇曳,数尺如钓丝。可爱,笋瘦而白,于食品最佳[10](卷八花木门竹下)
草果	邕州取新生草果,入梅汁盐渍,令色红,暴干,荐酒,芬味甚高,世珍之[10](卷八花木门红盐草果下)
八角茴香	八角茴香,出左、右江蛮峒中,质类翘尖,角八出,不类茴香,而气味酷似,但辛烈,只可合汤,不宜入药。中州士夫以为荐酒,咀嚼少许,甚是芳香[10](卷八花木门八角茴香下)

其中,有关于块根类植物芋的记载。"猺人"在粤、湘、桂山地分布极为广泛,此处的"芋魁"应当是指天南星科的芋头的根状茎(图6-4)。说明直到宋代,南方的少数民族仍然将"芋魁"作为其最主要的食物来源之一。

除芋之外,水稻也成为主要的谷物类食物,"每旦及日昃,桩堂之声,四闻可听"[10](卷四风土门椿堂下),描写的是作者所见当地村民春米的情形,可见食用水稻的频率相当高。

香蕉、椰子、荔枝等果树仍然是该地区常见的经济作物;㼜菜、钓丝竹等被当做蔬菜食用;草果和八角茴香被用来制汤或荐酒。

在唐代华南人的植物性食物中,谷物类食物水稻和粟类作物的地位逐渐上升,但是块根类植物芋仍然是重要的粮食作物,在当地人的饮食结构中占有重要地位。

总之,通过梳理文献中关于华南植物性食物的记载,我们不难发现:

1.华南先民植物性食物的来源十分丰富。大致可分为五种类型,根茎类植物:芋头、参薯、山药、莲藕等;谷物类植物:稻、粟、薏苡等;浆果类植物:香蕉、椰树、荔枝、龙眼等;蔬菜类:空心菜、石发、茄子等;香料:草果、八角茴香、益智、豆蔻等。

2.华南民族主食类作物主要有两类:块根类的芋头、参薯、山药、莲藕;谷物类植物,如稻、粟、薏苡。而浆果类植物主要是作为当地人的水果、饮料食用,蔬菜和香料成为补充。

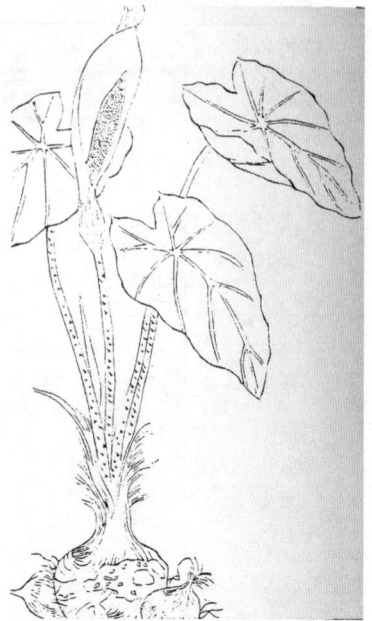

图 6-4 芋的形态

(引自 清《植物名实图考》卷四"芋"条下》)

3.当时南方人对谷物类作物的关注程度是有限的。作为主食之一的块根类植物,在每种文献中都有提及,但谷物类植物只有《异物志》、《岭外代答》两种文献中提到。

4.块根植物在华南地区的分布具有广泛的普遍性而谷物类作物的空间分布有限。文献中提到块根时,使用的是"南人专食"。块茎类山地作物适宜种植在南方丘陵地区,分布范围非常广泛。而在两条记载谷物类作物的文献中,《异物志》的双季稻见于"交趾",《岭外代答》中所记录的水稻见于"静江"。东汉的"交趾"即位于今越南河内东北部北宁市(图 6-5);宋代"静江府"位于今广西桂林市(图 6-6)[11]。从地形上看,交趾郡位于红河入海前的冲积平原,水源丰富,地势较为低平(图 6-7)。静江府所处的位置恰好位于漓江河谷盆地(图 6-8),地势较周围开阔平坦,漓江由北往南流经该地区。两者所处的地形均属水源丰富的低平地带。可见,谷物类种植与当地的地形、地貌有关。因此,在丘陵错综,山地广布的南方地区,谷物类作物的种植范围是有限的。

5.文献中谈及根茎类作物时说:"皆不业耕稼,惟掘地种甘藷"、"不食五

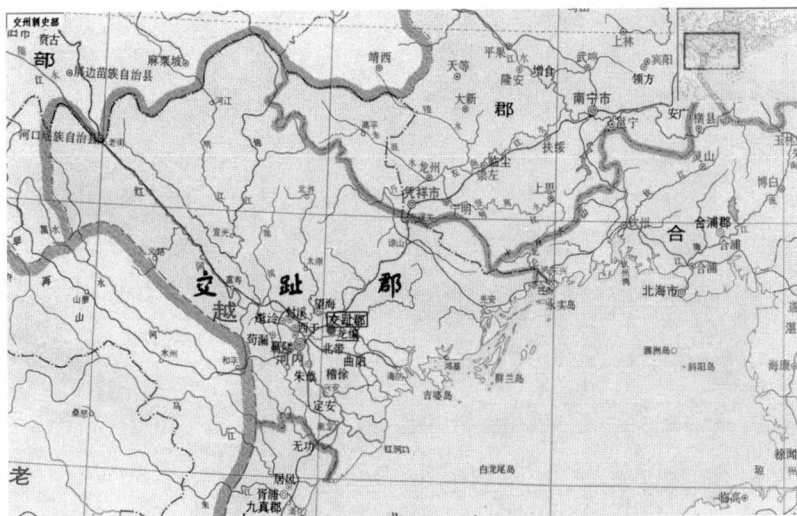

图 6-5　东汉交趾郡全图

(引自谭其骧《中国历史地图集》,第二册第 63～64 页)

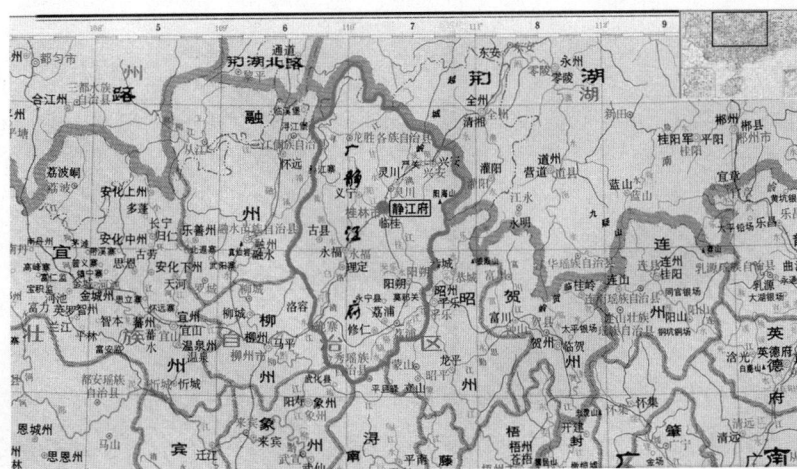

图 6-6　宋代静江府全图

(引自谭其骧《中国历史地图集》,第六册第 65～66 页)

谷,而食甘薯",多条文献对块根植物利用的记载,都指向"为主"。即使是提到"静江"、"稻作"的《岭外代答》,仍说"猺人耕山为生,以粟豆芋魁充粮"。说明"猺人"是以种植山地作物为生。提到"交趾"双季稻的《异物志》,也说"甘藷……南人专食以当米谷"。这些充分说明,块根和谷物这两类主食作

图 6-7　古交趾郡所在地形图

（来源：谷歌地图）

物在山地、丘陵相间地带的民族植物利用上，是不均衡的。显然，块根作物占主导地位。

二、华南、东南亚根茎类植物的考古发现与研究

根茎类植物是人类重要的植物性食物来源之一。如前所述，在历史时期乃至现今的某些地区，根茎类植物可以成为人们食物结构中最主要的成分。但由于根茎类食物大多从皮到瓤全部可以食用，被遗弃在遗址文化堆积中的概率相对较小。[12]并且，华南及东南亚地区酸性土壤广布，囿于该区域埋藏条件，考古学上发现的块根、块茎植物遗存非常有限。

从目前的考古学证据来看，在我国广西桂林甑皮岩遗址、江西广丰社山头遗址、江西樟树樊城堆遗址出土有根茎类植物遗存。

广西桂林甑皮岩遗址[13]为华南新石器时代早期洞穴遗址。洞穴遗址为我们研究当时植物资源的开发和利用提供了最好的证据。因为洞穴内部光

图 6-8　古静江府所在地形图

（来源：谷歌地图）

照条件差,不适合生长植物。因此,我们从洞穴文化层中提取出的植物遗存必定是由人类活动带入的[14]。学者们使用包括孢粉分析、浮选法获取并分析遗址中的炭化植物遗存和淀粉颗粒,对甑皮岩遗址的植物遗存进行了系统研究,探讨了甑皮岩人摄取食物的种类。甑皮岩的主要文化堆积分为五期:一期大体相当于旧石器时代与新石器时代的过渡期,估计年代在距今12000—11000 年;二期为新石器时代初期,年代在距今 11000—10000 年;三期为新石器时代早期,年代在距今 10000—9000 年;四期也属于新石器时代早期文化,年代在距今 9000—8000 年;五期已经到了新石器时代中期,绝对年代在距今 8000—7000 年。浮选结果表明,甑皮岩一至五期均发现有炭化块茎类植物遗存,植硅石分析结果还显示,甑皮岩人不仅与稻作农业无关,在其采集的野生植物种类中可能也不包括野生稻。各期所发现的炭化块根茎植物见表 6-6[15]。遗址中浮选出的炭化块茎一般都是一些不规则的残块,除个别的还保留部分特征部位者外,大多数很难做进一步的植物种属鉴定。淀粉粒分析恰好可以适当弥补这一缺陷,吕烈丹[16]选取甑皮岩一至五期 25 件器物的 58 个样品进行分析发现,第一到第五期标本,各有一件含

85

有数量较多的芋类淀粉颗粒,淀粉残余都是在器物刃部发现,因此,芋类淀粉在出土器物表面的发现很可能与器物使用功能有关。淀粉残余物分析结果与植物浮选分析是一致的,表明根茎类植物是甑皮岩人主要的食物之一,他们对野生稻并不感兴趣。

江西樟树樊城堆文化反映了赣江中游地区距今5000—4000年这一时期人类的生存面貌。万智巍等对该文化的典型遗址,如樟树樊城堆遗址、筑卫城遗址、新余拾年山遗址和永丰尹家坪遗址出土的石杵和石刀进行残留物淀粉粒分析[17]。对于石器表面残留物的分析更能直接说明器物的用途,反映出人与植物的互动关系。研究者对发现的淀粉粒进行了种属鉴定,其中有莲藕等根茎类植物的淀粉粒。这些根茎类淀粉粒的发现,说明此类植物在赣江中游地区新石器时代晚期人类社会中占有一定的地位。

表6-6　甑皮岩遗址浮选炭化块茎类植物统计表[15]

分期	样品数量	土样总量/升	炭化物总量/克	块茎重量/克
一期	6	1382	2.45	0.43
二期	4	1006	2	0.17
三期	34	4150	15.72	1.76
四期	15	1053	7.24	0.49
五期	22	1151	8.59	3.21
总计	81	8742	36	6.06

江西广丰社山头遗址出土的三件陶器中提取出了34颗淀粉粒,其中包括两粒块茎类植物的淀粉粒[18]。该遗址的新石器文化年代距今约5000—3500年。陶器上提取的块根块茎类植物淀粉粒并不能反映该类植物在当时植物利用结构中的比例。因为很多块根、块茎类植物是可以直接食用的,并不需要经过蒸煮等加工过程,在器物中提取出其淀粉粒的几率较小。但是,陶器中提取出的淀粉粒毫无疑问证明块根茎类植物应当是当地史前居民食物组成的一部分。

东南亚地区的考古遗址中也发现有块茎类植物的遗存。目前的考古证据显示:马来西亚居住在沙捞越州尼亚(Niah)洞穴遗址、沙巴州马代(Madai)遗址以及苏拉威西岛Leang Burung遗址的先民对于块根类植物的开采和利用频率很高[14]。

尼亚(Niah)洞穴遗址是东南亚旧石器时代晚期至金属器时代初期的洞穴遗址群,位于马来西亚沙捞越西北部。经放射性碳素断代,年代上限约距今 4 万年或更早[19]。在距今 10000 年左右的地层中,出土了炭化的植物根茎,被鉴定为薯蓣科(*Dioscoraceae* spp.),但具体是野生山药(*wild yam*)还是白薯莨(*Dioscorea hispida L.*)还不能确定[14]。淀粉粒分析进一步证明了天南星科植物如芋头的存在。Huw Barton 采集了 Niah 遗址 94 份土样,并对 1 号样品提取出的 201 粒淀粉粒进行了形态分析。其中,155 颗淀粉粒被判别出相应的种属。其中块根、块茎类植物主要包括三种:天南星科(*Alocasia* spp.)植物、薯蓣属(*Dioscorea* spp.)以及鱼尾葵属(*Caryota* spp.)植物。根据出土层位分析,1 号样品块中所包含的天南星科植物的淀粉粒年代可上溯至 27960±200BP,薯蓣属植物的淀粉粒年代可上溯至全新世初期[20],表明 Niah 遗址的古人类很早就已经开始利用天南星科和薯蓣属植物。Graeme Barker 认为:出土的植物遗存证据说明,居住在 Niah 遗址的先民对于植物的利用非常广泛,特别是块茎类植物,包括一些需要特殊处理的有毒块茎(海芋的根茎)都经过了细致加工,被用于食用[21]。

Leang Burung 岩荫遗址中也出土了不少根茎植物的大遗存。在距今约 5500 年的地层中发现有炭化的块茎类植物,经鉴定这种炭化的块茎植物很有可能是芋头(*Colocasia esculenta L.*)。

马代(Madai)洞穴遗址位于沙巴港南部,年代约距今 2200—1500 年。遗址中出土了明确的炭化参薯遗存(*Dioscorea alata L.*),此外,还发现了天南星科芋属(*Colocasia spp.*)植物的块茎以及距今 500 年左右的白薯莨(*Dioscorea hispida L.*)。

根据现有材料,我们不难发现,华南、东南亚地区至少在距今 2 万年前就已经采食天南星科植物,如芋类;而其他块根块茎类植物也是这一地区先民普遍采食的对象。考古学材料涉及的时间从距今 2 万年一直延续到历史时期,反映出本区先民与根茎作物长期的密切联系,同时也印证了文献中所记载的华南先民"皆不业耕稼,惟掘地种甘藷"的统一性。由于块茎类植物特殊的无性繁殖能力,即植物体的一部分在脱离植物体后,仍然能够存活并且长成一株维持其母本原有性状的植物,我们有理由相信,当人们观察到这一现象后,就很有可能开始有意识地将采集到的野生块茎种植培育,从而进入一种以种植无性繁殖的根茎类作物的阶段。

三、华南以种植根茎类植物为特征的原始农业

早在 20 世纪 80 年代就有学者指出:中国华南与东南亚地区相一致,其农业起源具有自己独特的发展道路,最初种植或栽培作物的内容可能是以根茎类作物为主。由于当时浮选法和淀粉粒分析的方法还未普及,缺乏考古发掘获得的块茎类植物的材料,华南早期农业的特征还没有引起足够的重视。近年来,随着浮选法和淀粉粒分析方法的普及,炭化的块根茎植物和淀粉粒鉴定的结果为华南早期农业研究提供了直接证据和补充。华南地区早期农业发展的研究,不再仅仅只停留在推测阶段。

囿于考古材料所限,块茎作物的出现时间以及驯化的过程问题还有待今后的考古发现来解决。这就要求我们在以后的工作中,要更加注意收集地层和遗物中的植物遗存,为研究华南早期农业的起源提供更多的材料支持。

总之,华南人的食谱中块根、块茎类植物始终都占有一席之地。结合文献和考古发掘材料来看,可以肯定,在稻作农业传入此区以前,华南与东南亚地区的先民是以根茎类植物为主食的。华南先民在长期采集根茎类植物的过程中熟悉了该类植物的生长规律,从而走出了农业的第一步,形成了以种植根茎类植物为特征的原始农业。

参考文献

[1] 安志敏. 中国的史前农业[J]. 考古学报,1998(4).

[2] 赵志军. 对华南地区原始农业的再认识[C],华南及东南亚地区史前考古,中国社会科学院考古研究所. 北京:文物出版社,2006.

[3] (西晋)嵇含. 南方草木状[M]. 上海:商务印书馆,1956.

[4] 童恩正. 中国南方农业的起源及其特征[J]. 农业考古,1989(2).

[5] 李富强. 试论华南地区原始农业的起源[J]. 农业考古,1990(2).

[6] 张光直. 中国沿海地区的农业起源[J]. 农业考古,1984(2).

[7] (东汉)杨孚. 异物志[M]. 据岭南遗书本排印初编.

[8] (晋)李石. 续博物志[M]. 上海:商务印书馆,1936.

[9] (唐)段公路. 北户录[M]. 据岭南遗书本排印初编.

[10] (宋)周去非. 岭外代答[M]. 北京:中华书局,1999.

[11] 谭其骧. 中国历史地图集[M]. 北京：中国地图出版社,1982.

[12] 赵志军. 考古出土植物遗存中存在的误差[M],植物考古学：理论、方法和实践. 北京：科学出版社,2010.

[13] 中国社会科学院考古研究所. 桂林甑皮岩[R]. 北京：文物出版社,2003.

[14] Paz,V.,Rock Shelters,Caves,and Archaeobotany in island Southeast Asia [J]. Asian perspectives,2005,44(1)：107－118.

[15] 赵志军. 广西桂林甑皮岩遗址植物遗存分析报告[M],植物考古学：理论、方法和实践. 北京：科学出版社,2010.

[16] 吕烈丹. 甑皮岩出土石器表面残余物的初步分析[C],桂林甑皮岩. 北京：文物出版社,2003.

[17] 万智巍,杨晓燕,葛全胜等. 淀粉粒分析揭示的赣江中游地区新石器晚期人类对植物的利用情况 [J]. 中国科学,2012,42(10).

[18] 杨晓燕,葛全胜等. 基于淀粉粒分析的江西广丰社山头遗址植物资源利用[J]. 地理科学进展,2012(5).

[19] 童恩正. 尼阿洞穴遗址[M]. 中国大百科全书 考古学卷. 北京：中国大百科全书出版社,1986.

[20] Barton.,H.,The Case for Rainforest Foraging：The starch Record at Niah Cave,Sarwak [J]. Asian Perspectives,2005(44)：56－72.

[21] Barker.,G.,The Archaeology of Foraging and Farming at Niah Cave,Sarawak [J]. Asian Perspectives,2005：90－106.

[22] 童恩正. 略述东南亚及中国南部农业起源的若干问题——兼谈农业考古研究方法[J]. 农业考古,1984(2).

下编

植物考古研究

第七章

乌桕利用的民族学和考古学观察

✳ 董诗华　葛　威

摘要：乌桕是原产我国的一种木本油料作物，广泛分布于华南各省。近年来随着植物考古工作的进行，华南的考古遗址先后出土了一定数量的乌桕种子，为我们探究这一植物资源在古代华南地区的利用提供了宝贵的资料。为了考察史前先民对乌桕的可能利用方式，我们系统整理了中国古代文献中有关乌桕利用方法的记载，认为古人对这一树种的利用集中于其种子与叶子，明确了乌桕在古人生产生活中的不同用途。并根据所整理史料，开展了出土乌桕种子利用方法的模拟实验。我们的分析显示，在闽北葫芦山遗址出土的乌桕种子主要作为燃料或助燃物存在，新石器时代晚期的先民对于乌桕的利用仍处于较为原始的阶段。

乌桕（*Sapium sebiferum*）是大戟科乌桕属的一种落叶乔木，主要分布在浙江、福建、江西、湖北、云南和贵州等华南省份，是重要的木本油料树种。根据植物志的记载，其蒴果木质，呈梨形，成熟时开裂，内有三个具有白色蜡质的黑色种子，种子内部也是白色蜡质，叶菱形绿色，每至秋季则转红，又称"虹叶"。[1]

在福建武夷山市葫芦山遗址 2014 年度发掘中，笔者对遗址内马岭类型时期的 73 个灰坑中的土样进行了系统的浮选，获取包括水稻、粟及乌桕等在内的多种植物炭化种子，其中乌桕种子数量最多，计有 480 颗。在史前遗址中出土有如此数量的乌桕种子是不多见的，说明在距今 4000 年—3500 年前，闽北地区的先民已经开始采集并利用乌桕种子，但具体的细节尚缺乏针对性的研究。为此，我们通过查阅各类历史典籍、诗词以及近代的专著和散

文,从中了解到历史时期至近现代华南居民对
乌桕的利用方法,并据此开展模拟实验,以探索
葫芦山先民使用乌桕的方法。

一、乌桕的名称

图 7-1　现代乌桕树
（葛威摄于武夷山市区）

关于乌桕名称的由来,在李时珍的《本草纲
目》中有说明:"乌臼一名鸦臼。乌喜食其子,因
以名之。或云:其木老,则根下黑烂成臼,故得
此名。"[2]此外,乌桕还有多种别称,包括乌臼、
鸦臼、鸦舅、腊子、木子、木油和白蜡等等。[3]乌
桕最早的文献记载是北朝贾思勰在《齐民要术》
卷第十《五谷、果蓏、菜茹非中国①物产者》中援
引东晋郭璞《玄中记》②云:"荆、杨有乌臼,其实如鸡头。"[4]同时期的南朝乐
府诗《西洲曲》载:"日暮伯劳飞,风吹乌臼树。"[5]可见,南北朝时期,乌桕树
的名称为"乌臼"。隋唐开始,乌桕在文献中记载别称开始增多,唐陈藏器在
《本草衍义》中载:"乌臼木根皮味苦,微温,有毒。"而唐陆龟蒙诗则开始提及
乌桕的另一别称"鸦舅",诗云:"行歌每依鸦舅影,挑频时见鼠姑心。"[6]此
后,乌桕的名称使用更加多样,诗人陆游有诗云:"乌桕先枫赤。"[7]《本草纲
目》载:"乌桕亦名鸦臼"。

在文献中,我们发现乌桕树的名称与一种鸟名经常是共用的。南朝乐
府诗《读曲歌》中载:"打杀长鸣鸡,弹去乌臼鸟。"[8]北宋胡宿《过桐庐》写道:
"二月辛夷犹未落,五更鸦臼最先啼。"[9]南宋陆游《鸟啼》诗云:"五月鸣鸦
舅,苗稚忧草茂。"[10]在《本草纲目》中,鸦臼既指乌桕也指鹪鸠鸟。[11]一直到
近代,"桕"作为一种鸟名还存在于一些地方。如周作人在《两株树》中写道:
"乡间冬天卖野味有桕子鸟,是道墟地方名物,此物殆鸟类乎,但是其味颇
佳。"[12]可见,乌桕一词及其别称长期以来就同时用以指代乌桕树及乌臼鸟
这两种事物。

---

① 此"中国"为北魏疆域所在,因此乌臼在书中并非"中国"物产。
② 此书已散佚。

关于乌臼鸟,在《康熙字典》中记载:"鵊,一名乌臼,五更鸣架架格格者也。滇人以为榨油郎……如燕,黑色,长尾有歧,头上戴胜。"[13]可见,乌臼鸟很可能长得象今天的戴胜鸟,关于"榨油郎"的称呼,很可能与乌桕树相关,李时珍说"乌喜食其子"(乌桕籽),如果"乌"在这指的是乌臼鸟,则乌臼鸟俗称榨油郎很可能是因为白鸟食用乌桕籽后,籽上皮蜡消化后,排泄出干净的黑色种子,故称"榨油郎"。综上所述,乌桕、乌臼、鸦臼、鸦舅等乌桕的名称在中国古代均同时指代乌桕树或乌臼鸟,在查阅资料时必须予以辨别。腊子树、木子树、木油树和白蜡树则是我国各地对乌桕树的俗称,体现了乌桕在生活中的应用价值。

二、乌桕作为油料的来源

乌桕的种子是乌桕最重要的产物。乌桕种子为黑色,外层附着一层白色蜡质,为其假种皮。[14]通过乌桕种子提炼的油脂一般分为四种。一种是由假种皮所凝结的油脂,称为"皮油"、"桕蜡"或"桕脂",常温下为白色固态,无毒无味;一种是由乌桕种子榨取的油脂,则称为"水油"、"青油"或"梓油",是一种干性油,常温下为浅黄色液态,带有鱼腥味,有毒,不可食用;另一种是用整颗种子榨油,榨出的油称为"木油",常温下不凝结。[15—17]最后一种是将整颗乌桕种子熬汁,熬出的油脂称为"暖油"。[18]

古代乌桕油脂榨取工艺在《天工开物》中记载最为详细,"凡皮油造烛法起广信郡,其法取洁净桕子,囫囵入釜甑蒸,蒸后倾于臼内受舂……其皮膜上油尽脱骨而纷落,挖起,筛之于盆内再蒸,包裹入榨……皮油已落尽,其骨为黑子。用冷腻小石磨不惧火煅者,以红火矢围壅煅热,将黑子逐把灌入疾磨。磨破之时,风扇去其黑壳,则其内完全白仁……将此碾蒸,包裹入榨"。并且对不同压榨方法所获得的油脂数量也有所记载:"桕子分打时,皮油得二十斤,水油得十五斤,混打时共得三十三斤(此需绝净者)";"若桕、桐诸物,则一榨已尽出,不必再也。"[19]

在现代,乌桕的提取压榨方法也大同小异。据笔者调查,闽北农村在20世纪60年代末70年代初还有用传统方法榨取乌桕油脂的作坊。以福建省南平市浦城县管九村为例,村内有一个油坊专门用以加工乌桕,其榨油之法大致如下:首先需将当地俗话称之为"南子壳"的乌桕的蒴果壳去掉(乌桕成熟时蒴果壳会开裂,继而自然脱落,要赶在蒴果壳开裂后但尚未完全脱落之际采收乌桕),这道工序去除的"南子壳"当地一般晒干烧火用。然后将带白蜡的乌桕种子洗干净,上锅隔水蒸,蒸至乌桕假种皮蜡质颜色逐渐变透明,蜡质软化,则放入大石臼中舂。舂时一人脚踩木碓,另一人不断翻动乌桕;或者使用水车不断冲击木碓舂捣乌桕。等到种子表层的蜡质基本脱落,将臼内的蜡皮屑收集起来,放入铁锅内加热融化至液态,倒入桶状模具,冷却成固状蜡,即得皮油。之后将黑色种子放入石碾碾碎,高温蒸熟,把草放在圆形铁质模具底部,将碾碎蒸熟的种子倒入,再用草包裹,做成圆饼,将圆饼放入油车挤压出水油,用铁桶保存。水油制成后,剩下的圆饼残渣可直接燃烧取火,据了解,乌桕饼非常耐烧,一饼能够供一个房间燃烧一晚;乌桕饼也可以做肥料,但是由于柏子有毒,仍须很多后续工序发酵,因而他们大都不用它做肥料。

三、乌桕油的食用价值

在我国,乌桕作为食用油脂的来源有着悠久的历史。食用乌桕油脂的最早的文字记载见于晋人郭璞《玄中记》。根据《齐民要术》援引记载:"迮之如胡麻子,其汁味如猪脂。"认为乌桕的汁味道像猪脂,则时人有食用乌桕所迮油的可能。在北朝时,炒菜尚未在中国盛行,饮食上多为蒸、煮、焖、烩和烤。根据《齐民要术》的记载,猪脂的提取在炰猪肉法中提及:"以杓接取浮脂,别着瓮中;稍稍添水,数数接脂……其盆中脂,练白如珂雪,可以供余用者焉。"而猪脂主要用于蒸、烤上,蒸熊肉、羊仔时"用猪膏三升,豉汁一升,合撒之。用橘皮一升"。而在烤猪时,则需"取新猪膏极白净者,涂拭勿住",在烤猪时需要不断地在其外表擦拭猪油。以上都是北魏猪油在饮食中的可能做法,也可能是乌桕油的使用方法。

及至唐代,陈藏器《本草拾遗》中记载:"子多取压为油涂头,令白为黑。然灯极明。"[20]《新修本草》中则没有乌桕子的记载。五代《日华子诸家本草》①中载:"子凉,无毒。压汁梳头,可染发;炒作汤,下水气。"[21]宋代《本草

---

① 《日华子本草》又作《日华子诸家本草》,南宋时散佚,作者不明,引用中所谓"韩保生"做仅为一家之言。年代亦不明,中医学界一般认为其为五代吴越明州(今浙江宁波)人。

衍义》中乌桕的记载也与前代大同小异,从唐代到宋代,对乌桕油的认识基本集中于燃灯和染发,并未有柏油的食用记载。到明代,宋应星《天工开物》中载乌桕皮油"入食馔即不伤人,恐有忌者,宁不用耳",表明宋应星认为乌桕皮油是可以食用的,但是时人对此有所忌讳,因而无人使用。在明代田艺衡的《留青日扎》中亦载:"柏子者,曰柏油,止可浇烛……深山穷谷……不能得油,则取饭锅米汤以炒菜,名曰米油。其穷甚矣。"[22]说明明代即便是穷人宁可使用米油炒菜,也不食用乌桕油。在明初编纂的《救荒本草》一书,主要是记载救荒时可以食用的植物,其中并未有乌桕的记载,又《农政全书》中载:"乌桕,楂之属,但取膏油,似不入救荒品中,但膏油不可缺。"说明乌桕并未列入明代的救荒食物来源。

但是,在特殊时期,乌桕油重新进入我国居民的食用油范围内。在三年困难时期过后一年出版的《湖南油料树种》一书中载:"皮油炒菜的方法和用量与猪油相似,龙山、桑植等地群众近年来有吃这种油的习惯,反映很好。"[23]可见三年困难时期,湖南湘西地区的百姓已经重新开始食用乌桕皮油了。另外,在谭功才的散文集《鲍坪》中记载了湖北土家族村落鲍坪在困难时期食用木梓油(皮油①)替代猪油炒菜的历史,但是"炒出的菜,大热天时还能勉强下口,冬天却异常容易凝固,只感觉嘴巴上厚厚的一层黄蜡一般"。[24]可见虽然在困难时期百姓重新食用皮油,但是并不喜欢皮油炒菜的口感。此外,在我国浙江、江西、贵州、四川和广西等地,包括汉族、土家族和苗族的居民均有食用乌桕皮油的报道,其中四川涪陵地区的居民将猪油与皮油混合食用。[25]少数地区食用乌桕木油,但是乌桕木油有小毒,需要氢化处理后方可食用,因而也有食用木油导致腹泻的报道。这些报道集中在20世纪80年代之前,之后则罕见乌桕皮油的食用报道。这表明,由于口感不佳,皮油仅在十分困难时期才被南方百姓作为食用油的替代品。

除了当作食用油炒、炸食品外,乌桕皮油还可用于茶叶的杀青。在手工初制茶叶时,一般在杀青前,用皮油擦拭一遍炒锅,然后再放茶叶翻炒,这样既方便翻炒,不易黏锅,[26]也会在杀青中给茶叶增加一种特殊的香味。[27]茶叶杀青使用皮油的记载最早出现于民国年间。现在,由于茶叶生产机械化的普及,茶叶杀青使用皮油基本集中在仍使用人工炒茶的小型作坊,在大型

---

① 后文注明木梓油为皮油。

茶厂已经不见这一工艺。

四、乌桕油及其制成品的燃料价值

乌桕油脂更大的价值在于其可以作为燃料。实际上,我国古代的乌桕油脂主要用于燃料,并非用于食用。在我国古代,膏液对于国家、百姓的生活都是非常重要的。生活中夜晚需要烧柴火、燃灯或燃烛才能有光亮,战争中也往往需要油脂点燃火把,因而乌桕油脂的使用也遍及国家各个阶层。

在宋代及宋以前的记载中,均未对乌桕种子所榨油脂有所区分,宋代《本草衍义》一书中记载:乌桕"子八、九月熟,初青后黑,分为三瓣。取子出油,然灯及染发"。[28]说明宋代用以燃灯及染发的油脂很可能是乌桕种子所榨"木油"。到明代,李时珍《本草纲目》载:"今江西人种植,采子蒸煮,取脂浇烛货之,子上皮脂,胜于仁也。"已经对乌桕油脂有所区别。稍晚于李时珍的宋应星,在《天工开物》中这样评价各类用于燃灯或制造蜡烛的油品:"燃灯则桕仁内水油为上,芸苔次之,亚麻子次之,棉花子次之,胡麻次之,桐油与桕混油为下(桐油毒气熏人,桕油连皮膜则冻结不清。)造烛则桕皮油为上,蓖麻子次之,桕混油每斤入白蜡结冻次之,白蜡结冻诸清油又次之……"宋应星明确地记载乌桕能榨出三种油脂:水油、皮油和桕混油(木油),并指出水油和皮油相对其他油脂的优点,水油"清亮无比,贮小盏之中,独根心草燃至天明,盖诸清油所不及",皮油造烛,是将液态皮油灌入竹筒中,插心其中,等冻结后将竹筒打开即可得烛,而皮油所造之烛"任置风尘中,再经寒暑,不敝坏也"。明确乌桕皮油用于制造蜡烛,水油用于燃灯,与现代乌桕油脂的使用方法基本一致。稍晚于《天工开物》成书的《农政全书》中,徐光启这样评价乌桕:"乌臼树,收子取油,甚为民利,他果实纵佳,论济人实用,无胜此者",并且也记载了乌桕油脂的利用方法"子外白穰,压取白油,造蜡烛,子中仁压取清油,燃灯极明,涂发变黑,又可入漆,可造纸用。"[29]明代是乌桕及其油脂研究十分重要的时期,明代对乌桕油脂的认识,与现代是基本相同的。

及至清代,皇室所用蜡烛也是桕蜡所造,因其虽有风亦不至走油,蜡泪少见,宫廷、皇家陵寝乃至坛庙中所燃蜡烛均为桕蜡所制,点剩下的蜡烛,管灯的太监会卖给蜡铺,蜡铺又用来制作蜡烛的皮,而当时民间用烛,虽然大都打着"桕油神烛"的名号,但是实际桕蜡使用很少,蜡烛一般混有花生油或豆油,这样制成的蜡烛太软,易走油,因而需要桕蜡做皮,以保持蜡烛内油不外流,可见纯桕蜡烛之珍贵。[30]

在清末和民国年间,桕油贸易曾辉煌一时,桕油包括皮油、青油和木油。当时长江流域各省、河南及贵州等省所产桕油集中于汉口,约占桕油贸易总数三分之二,江浙一带所产桕油则集中于杭州。汉口的桕油最旺盛时贸易额可达三十万件(每件自一百斤至一百十几斤不等),大约十分之三的皮油会出口海外,其余则基本由镇江油帮和上海油帮收购,青油则大量由国内油客收购,尤以扬州各地需求最大,镇江油帮收购最多。杭州桕油则基本供国内油商购买,[31]木油由于不利储藏,天热即化,因而基本供内地造烛作坊使用。中国桕油出口始于光绪二十年(1894年),主要供国外造烛用,起初输出量每年约数万担,到民国年间,出口量有所增长,民国五年(1916年)曾达二十五万担,以后由于电灯、煤油灯的普及,加之廉价的牛油与桕油竞争,桕油的出口量到民国二十四年(1935年)仅五百担。[32]优质的皮油出口海外,而木油和青油则在国内大量贩卖。

乌桕油脂除传统的造烛和灯油外,在民国,桕油还用以制作油纸伞。油纸伞上的油,是青油(乌桕籽油别称)与桐油的混合油。由于桐油味道臭,因而也有客人要求减少桐油含量的,一般而言,桐油为十分之二三,青油为十分之七八。[33]普通的纸伞只需将混合油涂在白色伞面上,若是彩伞,则需将染料与桐桕油混合成色油,再涂在伞面上。制作出的伞,伞面颜色清亮,大量出口中国内地各省及海外各国。[34]此外,民国文献记载桕油榨后残渣,可制成饼晒干,作土碱,[35]供洗衣用。

五、乌桕叶在生活中的应用

乌桕除了种子作为食用油及燃料来源外,其叶在华南民族生活中也有多种用途。

我国的汉族及畲、苗、布依、瑶、壮等少数民族都有煮乌饭的传统,但方法和材料不尽相同。据古籍记载,煮乌饭的原料有南烛草、杨桐叶、青枫叶、楝叶和乌桕叶等等,其中杨桐为现代的乌饭树。[36]

在文献中明确记载用乌桕叶做乌饭的有几处。在宋代《苏沈内翰良方》

中有着这样的记载:"南烛草木,记传、本草所说多端,今少有识者。为其作青精饭色黑,乃误用乌桕为之,全非也。"[37]时人多认为乌饭是传说中"南烛草木"精华所煮,但实际是误用乌桕导致的,而乌桕可以用以煮乌饭的是其叶。明代《通雅》载:"乌饭也,今释家四月初八作,或以乌桕,或以枫,一曰青精饭。"[38]清代《广东新语》卷十四《食语》诸饭条说:"西宁(今广东郁南县),岁三月,以青枫、乌桕嫩叶,浸之信宿,以其胶液和糯蒸为饭,色黑而香。"说明乌桕叶一直都是传统煮乌饭的材料之一。

江苏一些乡下,每年四月初八都会煮乌饭。这一传统主要有两个相关的传说。一是与目莲救母传说相关,江苏南京地区目莲救母的传说中,目莲用乌桕叶捣汁,与饭一起煮,煮成乌饭带到阴间给母亲吃。[39]二是松阳、遂昌地区的传说,朝廷派官兵征粮,到四月初八当天,百姓摘取乌桕叶榨汁,用以煮饭,官兵看到锅内都是黑乎乎的东西,不敢吃,便回报皇帝当地居民生活困难,只能吃黑糊糊,因而皇帝赦免了当地的钱粮,当地百姓就在四月初八吃乌饭纪念。[40]

现代,壮族会在四月初八牛王节时煮乌饭,其中桂北龙胜的壮族山村在这天会上山采集乌桕等的树叶,煮出呈紫红色的乌饭。[41]五月初五日往往被称为壮族的"药师节",在这天他们会上山采乌桕、田基黄等草药煎汤洗澡。[42]而其他地区,现代已经很少使用乌桕叶煮乌饭了,大都是用乌饭树叶子煮乌饭,使用乌桕叶煮乌饭的传统已经渐渐没落。

桕叶除了可以用以煮乌饭外,还可用于染衣。唐陈藏器《本草拾遗》指乌桕"叶好染皂",[43]皂又写作"皁",古通"早"字,《释名》解释"皁,早也,日未出时早起,视物皆黑,此色如之也"。皂色指泛深紫色的黑色。[44]可见在唐代,乌桕叶就是黑色染料之一,这一染布传统延至建国初期,很多黑色土布仍用乌桕叶作为染料。乌桕叶染布的方法有两种,一种方法是将乌桕叶采收后浸泡在水中,至腐烂,然后将浸出液倒出,将纱布或蚕丝放入其中泡透,之后捞出,把黏性强的黏土涂在布或丝绸上,就可以染成黑色,等黏土阴干后再洗干净,这样染出来的布耐洗耐晒。也可以将乌桕叶用水煎煮,之后用煎煮液浸泡再涂黏土,同样会得到黑色的布料。[45]另一种方法是在上海崇明地区,染黑布时,先用水煮化香树的果实,然后将白布浸泡透,之后用河畔乌桕树落叶腐泥涂在布上,一夜后洗去,洗去后再涂一次,再洗去,就能染成深黑色布料。[46]

乌桕叶还可用以养蚕。《宁都直隶洲志》引《瑞金县志》载:"瑞俗不养蚕,故蚕不生,惟土蚕生之,饲以乌桕叶,四十日成茧,纫丝作绸,亦颇坚韧耐久。"[47]《雩都县志》载:"雩俗不树桑,故蚕不生。惟土蚕生之,饲以乌桕叶,四十日可成茧,纫丝作绸,坚致耐久。"[48]《安远县志》载:"蚕饲乌桕叶,丝稍黑,饲蜡树叶、水碧树叶,色美。选丝细紧,可匹嘉应茧者,精工难成。自制或有之,售者罕焉。"[49]根据以上三本江西清代县志,江西赣南地区有用乌桕叶饲养土蚕的风俗,土蚕蚕丝所作丝绸,耐久坚韧,但是由于产量较低,因此基本是自产自用,少有出售。

六、文献中乌桕的药用价值

乌桕是我国传统中药材的重要组成部分。在我国的中医药典籍中,最早记载乌桕药用价值的书为唐代的《新修本草》,书中记载"乌桕木,根皮,味苦,有毒①,主暴水、腐结、积聚。生山南平泽。树高数仞,叶似梨、杏,花黄白,子黑色。"[50]在这则中药条目中,乌桕的药用价值集中于它的根皮中,对乌桕的种子与树叶都一带而过,并未提及其药用价值。过后数十年,陈藏器的《本草拾遗》中,有关乌桕的中药条目主要内容则更改为乌桕籽,载:"子多取压为油涂头,令白为黑。为灯极明。服一合,令人下痢,去阴下水。"[51]明代李时珍《本草纲目》中对乌桕药用的记载共有三个条目,分别为"根白皮、乌桕叶和桕油"。其中根白皮可治头风、通大小便,解蛇毒,脚气湿疮,婴儿胎毒等等,乌桕叶则载:"食牛马六畜肉,生疔肿欲死者。捣自然汁一二碗,顿服得大利,去毒即愈。未利再服。冬用根。"[52]可见乌桕叶主要用于治疗肿,与乌桕根皮部分功效是重叠的。桕油的功效则首先为黑发,去阴下水气,涂肿毒疮疥。乌桕传统的中药价值基本可以总结为乌桕根皮、乌桕叶和乌桕籽三方面,从唐代到明代,从乌桕根皮到乌桕籽再到乌桕叶,传统医药对于乌桕的药用价值认识也是不断深化的。

---

① 《本草纲目》引用此则为"无毒"。

七、考古发现的乌桕

　　截至目前,考古出土的乌桕遗存仅见于湖北郧县黄龙洞旧石器时代遗址和福建武夷山葫芦山新石器时代晚期遗址中,均为炭化种子。其中黄龙洞遗址的乌桕种子出土于黄龙洞人骨附近,仅 17 颗。根据发表材料的图片可知,这些出土乌桕种子的外层蜡质已经消失,仅剩炭化的黑色种子种皮部分,均不完整,子仁中空,发掘者认为可能与人类活动相关,但并未展开讨论。[53]福建武夷山葫芦山遗址共浮选出植物种子 480 颗,其中颗粒完整的351 颗,其余都是乌桕种皮的碎片。

(一)现代乌桕种子的形貌结构

　　现代乌桕果实由乌桕种子及其假种皮构成,假种皮为白色蜡质,紧密附着在黑色种皮上,种皮内同样为白色蜡质,是其胚乳,胚乳紧密附着在种皮上。种皮由外而内分别为角质层、栅栏层、骨状石细胞层和薄壁细胞层构成,不同部位的种皮厚度不同,其中我们用以观察的断面主要是观察其栅栏层(图 7-2)。栅栏层由单层长柱状细胞壁强烈增厚并木质化、栓质化的大石细胞构成,细胞的长轴一般与角质层垂直。[54]

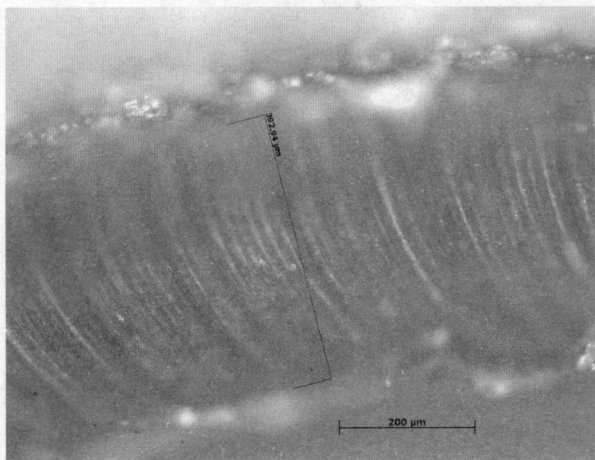

图 7-2　现代乌桕种子种皮断面显微结构图

（二）葫芦山遗址出土古乌桕炭化种子的形貌特征

完整的种子外层假种皮消失，表面光滑，通过机械破碎打开种子，可见胚乳呈蜂窝状结构，这一结构不附着在种皮内壁（图 7-3）。SEM 显微结构图显示，种皮断面栅栏层排列疏松，可见明显蜂窝状结构（图 7-4）。

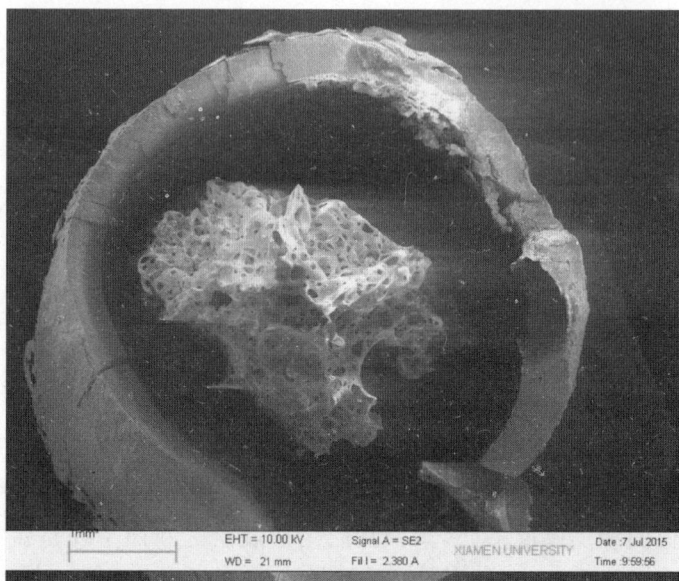

图 7-3　葫芦山遗址 H85 乌桕种子 SEM 显微结构图

图 7-4　葫芦山遗址 H85 乌桕种皮 SEM 显微结构图

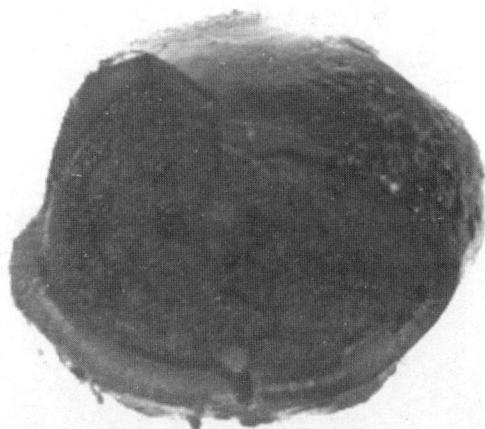

图 7-5　人工炭化乌桕种子结构图

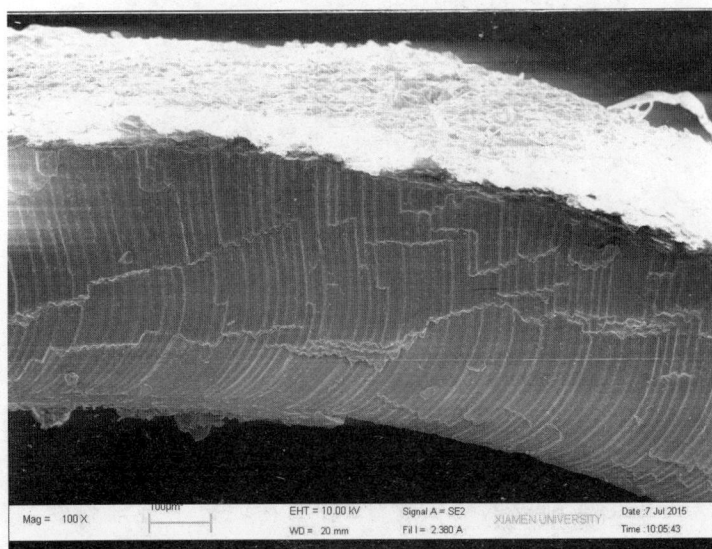

图 7-6　人工炭化乌桕种子种皮显微结构图

（三）人工炭化的现代乌桕种子的形貌特征

考虑到炭化可能对种子形貌造成改变，我们对现代乌桕种子进行了模拟炭化实验。将新鲜采摘的乌桕种子包覆在铝箔中，使用 250℃ 恒温烘箱，烘烤 3 小时，得到乌桕的炭化种子。通过机械破碎打开炭化种子，发现其内部的结构致密,并且紧密附着在种子内壁(图 7-5)。SEM 显微结构图显示,炭化实验的乌桕种皮断面栅栏层排列紧密、饱满、致密(图 7-6)。与出土乌桕种子对比,显然出土乌桕种子的炭化温度远高于 250℃,很可能在更高的温度下炭化后埋藏。

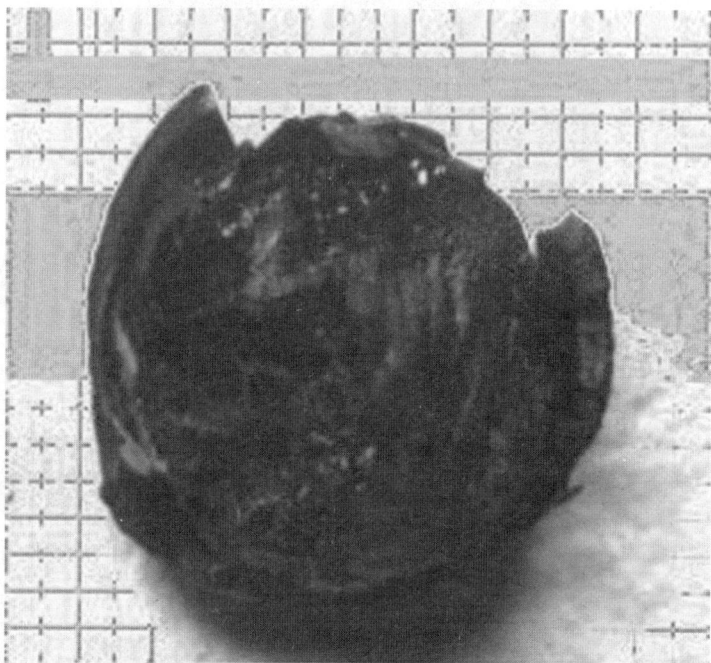

图 7-7 燃烧试验乌桕种子内部结构图

(四) 燃烧后的乌桕种子形貌特征

考虑到乌桕种子本身可以用于提取油脂燃烧,可能正是这一过程造成了出土乌桕种子在更高温度下炭化。为此,我们设计了乌桕种子的燃烧实验。用明火点燃带假种皮的乌桕种子,种子在明火下逐渐自燃,将明火撤离,种子自身燃烧了约 50 秒的时间,期间火逐渐变大,可见有火光外溅,应为种子内部油脂外泄所致,之后火势逐渐变小,至熄灭。种子燃烧后内部呈现高度炭化的蜂窝状结构,而且并不附着在乌桕种皮内部,SEM 显微结构图显示,种子断面栅栏层排列疏松,可见明显蜂窝状组织(图 7-8)。

我们对比乌桕炭化实验和燃烧实验所得乌桕种子与出土的乌桕种子,发现燃烧实验的乌桕种子不论肉眼可见的种子结构还是微观的种皮断面结构都非常相似,因此,我们认为在距今约 4000—3500 年前,葫芦山先民更有

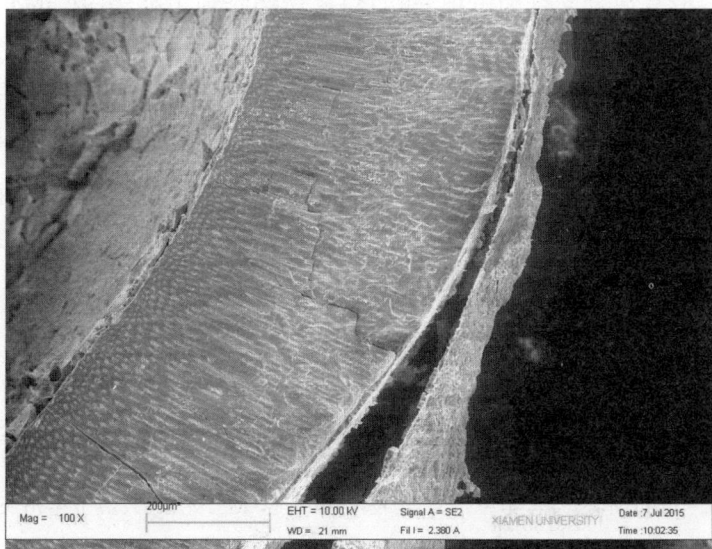

图 7-8　燃烧实验乌桕种子种皮显微结构图

可能是将乌桕种子作为其燃料或助燃物。

八、结　　语

　　本文对乌桕在历史时期的利用进行了文献学和民族学考察,揭示了其在中国悠久的应用历史,显示乌桕在华南百姓生产生活中的重要地位。其种子提炼的油脂可入食馔、炼油点灯、提脂做烛,在清末民初曾大量出口。叶子可染衣、做乌饭、养蚕。同时,与大多数中国的植物一样,乌桕也是传统中药材来源之一,其根皮、叶子和桕油均可入药。

　　我们又针对考古出土的乌桕种子开展了科技分析和模拟实验,结果显示考古遗址中乌桕种子极有可能是作为燃料及助燃物使用,而在黄龙洞遗址中,乌桕种子与疑似的用火痕迹是出自同一发掘点的,这一结论或许可以作为支持黄龙洞旧石器时代遗址先民的用火行为的证据之一,但仍须根据出土乌桕种子的状态做出更为可靠的结论。

　　从我们的研究中可以看出葫芦山先民对植物的利用已经不仅仅局限于食用、药用或者将其作为木材利用,时人很可能已经认识到乌桕种子的特性,并将其作为燃料或助燃物使用。此外,虽然考古遗址中保存下来的只有乌桕种子,但是通过文献的整理,我们知道乌桕除种子外,叶还可染布、养蚕和做乌饭,根皮可入药。与大多数的树木一样,乌桕木材也可以被打造成各种的木制工具,参与到葫芦山先民的日常生活中,或许可以做石锛的把,可以做绑箭镞的箭杆,便于狩猎或耕作。虽有种种可能,但囿于南方酸性土壤和非饱水的埋藏环境,无法保存更多的直观材料,因此在这里,整理出的乌桕在华南民族生活中的利用情况只能得出最为初步的结论。希望日后能有更多的材料,让我们能够整理出乌桕在华南民族生活中的一个完整的脉络。

参考文献

[1]广东省中医药研究所华南植物研究所编.岭南草药志[M].上海:上海科学技术出版社,1961:88.

[2][52](明)李时珍著.本草纲目 点校本 第3册[M].北京:人民卫生出版社,1978:2050－2052.

[3][16]中华人民共和国商业部土产废品局,中国科学院植物研究所.中国经济植物志(上)[M].北京:科学出版社,2012:245.

[4](北朝)贾思勰著.齐民要术译注[M].上海:上海古籍出版社,2009:755.

[5]余冠英选注.汉魏六朝诗选[M].北京:人民文学出版社,1958:253.

[6]王启兴主编.校编全唐诗 下[M].武汉:湖北人民出版社,2001:3174.

[7]张春林编.陆游全集 上[M].北京:中国文史出版社,1999:722.

[8]王镇远编著.两晋南北朝诗选[M].上海:上海书店出版社,1993:182.

[9](明)萧良干修;(明)张元忭,孙鑛纂;李能成点校.万历《绍兴府志》点校本[M].宁波:宁波出版社,2012:285.

[10]张春林编.陆游全集 上[M].北京:中国文史出版社,1999:475.

[11](明)李时珍著.本草纲目 点校本 第3册[M].北京:人民卫生出版社,1978:2050－2052.

[12]远帆主编.周作人散文[M].呼和浩特:内蒙古人民出版社.2004:37.

[13](清)张玉书等编;《康熙字典》校点组校点.康熙字典 新版横排标点注音简化字本[M].北京:北京师范大学出版社,1997:1289.

[14]李淑娴等,乌桕种子休眠原因及解除方法研究[J].南京林业大学学报,2011(5):1.

[15][19][51](明)宋应星著.天工开物图说[M].济南:山东画报出版社,2009:408－415.

[17]实业部工商访问局编.工商半月刊 第1卷 第17号[M].实业部工商访问局.

[18]方以智录.物理小识 上[M].上海:商务印书馆,1937:238.

[20](唐)陈藏器撰;尚志钧辑释.《本草拾遗》辑释[M].合肥:安徽科学技术出版社,2002:392.

[21](五代)韩保升撰;尚志钧辑复.蜀本草 辑复本[M].合肥:安徽科学技术出版社,2005:144.

[22]谢国桢编.明代社会经济史料选编 下[M].福州:福建人民出版社,1981:401.

[23]湖南省林业科学研究所主编.湖南油料树种[M].长沙:湖南人民出版社,1963:80.

[24]谭功才著.鲍坪 非虚构散文集[M].桂林:漓江出版社,2013:241.

[25]林天一.中国乌桕皮油食用调查报告[J].中国油脂,1986(3):34-38.

[26]广东农林学院茶叶教研组.茶叶制造(试用本)[M].广州:广东农林学院茶叶教研组,1976:72.

[27]林天一.中国乌桕皮油食用调查报告[J].中国油脂,1986(3):34-38.

[28](唐)寇宗奭.本草衍义[M].北京:中华书局,1985.

[29](明)徐光启.农政全书 下[M].长沙:岳麓书社,2002:619-621.

[30]梁燕主编;齐如山著.齐如山文集 第9卷[M].石家庄:河北教育出版社,2010.

[31]北京中央林部林业科学研究所,陈嵘著.造林学各论 造林学各论正编[M].1933:440-444.

[32]南京林业大学林业遗产研究室主编,熊大相等编著.中国近代林业史[M].北京:中国林业出版社,1989:457-460.

[33]实业部工商访问局编.工商半月刊 第1卷 第17号[M].实业部工商访问局.

[34]赵大川编著.杭州竹笋图考[M].杭州:杭州出版社,2012.

[35]北京中央林部林业科学研究所,陈嵘著.造林学各论 造林学各论正编[M].1933:440-444.

[36]王赛时.古代的青精饭[J].中国烹饪,1998(2):11-12.

[37](宋)沈括,(宋)苏轼撰.苏沈内翰良方[M].北京:中医古籍出版社,2009:51.

[38](明)方以智著.通雅[M].北京:中国书店,1990:476.

[39]朱恒夫著.走进中国经典传说与小说的世界[M].上海:上海大学出版社,2013:137.

[40]李幼谦著.一个老饕的美食笔记[M].北京:新世界出版社,2013:248.

[41]王志芬等.壮族牛王节中的多元文化因素——兼论及时调整制定少数民族政策的重要性.西南边疆民族研究 第11辑[M].昆明:云南大学出版社,2013:111.

[42]毛艳,洪颖,黄静华编著.西南少数民族民俗概论[M].昆明:云南大学出版社,2012:120.

[43](唐)陈藏器撰.尚志钧辑释,《本草拾遗》辑释[M],合肥:安徽科学技术出版社,2002:392.

[44]黄仁达编.中国颜色[M].北京:东方出版社,2013:258.

[45]王儒林编.工农生产知识便览 种乌桕和提桕树油 下[M].北京:中华书局,1950.

[46]陈植编著.主要经济树木[M].上海:商务印书馆,1952:9.

[47](清)黄永纶,杨锡龄等纂修.宁都直隶州志[M].道光四年刻本(1824).台北:成文

出版社有限公司,1989:823.

　　[48]江西雩都县志编纂委员会办公室校注.雩都县志 同治版[M].江西雩都县志编纂委员会办公室,1986:170.

　　[49]谢才丰主校注.安远县志 校注同治本[M].安远县印刷厂,1990:127.

　　[50](唐)苏敬等撰;尚志钧辑校.新修本草.合肥:安徽科学技术出版社,2004:204.

　　[53]武仙竹等.湖北郧西黄龙洞古人类遗址 2006 年发掘报告[J].人类学学报,2007(8):201.

　　[54]廖卓毅等.乌桕种子成熟过程中种皮与胚乳超微结构观察[J].南京林业大学学报(自然科学版),2014(6):44－45.

第八章

武夷山市葫芦山新石器时代晚期遗址植物遗存研究

❋ 董诗华　葛　威

摘要:本文主要报道了福建武夷山市葫芦山遗址 2014 年度浮选结果及相关植物遗存分析。在收集的 73 份土样中共发现植物炭化种子 515 粒,木炭 29.62 克。可鉴定的种属包括稻(*Oryza sativa*)、粟(*Setaria italica*)、铁苋菜(*Acalypha australis*)、乌桕(*Sapium sebiferum*)、紫苏(*Perilla frutescens*)和蔷薇科(Rosaceae sp.)等植物种子及稻的小穗轴。结合出土石器和陶器类型分析,推测葫芦山先民以狩猎采集经济为主,辅以稻作和粟作农业。本文亦结合周边考古学文化的相关资料对葫芦山遗址的农业技术来源进行分析,认为葫芦山农业技术更有可能来源于东南内陆地区,而不是闽东沿海。

一、引　言

与我国南部其他地区相比,福建地区的植物考古工作较为薄弱。20 世纪五六十年代,与考古发现植物遗存相关联的研究工作,基本由田野考古工作者肉眼判断,或者邀请农学家、生物学家进行鉴定。由于获得的植物遗存材料有限,使得绝大部分的工作止步于对出土植物的鉴定,虽然一些遗址史前水稻遗存的发现引起国内学界的重视[1-5],但缺乏系统的植物考古工作。

葫芦山遗址地处武夷山市兴田镇西郊村东南约一公里处,由两个隆起的山包组成,形似葫芦,故此命名(图 8-1)。遗址位于葫芦山南坡,地势北高南低,山下有一条溪流穿过,遗址周围有众多平地突起小山丘。由于遗址早期为茶园,周围植被以茶叶为主。20世纪90年代,福建省博物院与武夷山市博物馆曾在此地进行过发掘[6]。2014年9月至12月,厦门大学会同福建省博物院和武夷山市博物馆在此地联合发掘,揭露一批包括牛鼻山文化、马岭类型及白主段类型的考古资料[7]。为配合这次发掘,我们开展了较为系统的植物考古工作,以期揭示更多有关该遗址史前经济形态和古人类活动信息。

二、田野取样

获取大植物遗存的首要工作是在田野考古工作中进行土样采集。采集土样的策略根据研究目标分为三类,包括剖面采样法、网格采样法和针对性采样法。

剖面采样法是指在遗址中寻找一个适合的剖面,自上而下等距离取土样。这种方法能够快速了解遗址各个文化层的植物遗存保存和埋藏情况,或者是一个区域内各考古遗址的植物遗存的保存和埋藏情况。

网格式采样法是指在遗址内人为地划定网格,采集土样的方法。网格划定范围可大可小,大至整个遗址,小到一个具体的遗迹单位。网格式采样法可以较为精确地了解一个遗址内植物遗骸的完整情况,或该遗址中一个特定的堆积范围内植物遗骸的埋藏和分布规律。

针对性采样法是指对考古发掘揭露出的各种文化遗迹,如灰坑、房址、灶坑、壕沟、墓葬等,有针对性的采集浮选土样的方法,也是目前最为常用的浮选样品采集方法[8]。

本次葫芦山遗址发掘采取的是针对性采样法,对遗址中开口于③层下的内涵较为清晰的遗迹单位分别采样,将土样放入大号塑封袋中带回驻地。由于部分遗迹单位在发掘时已有肉眼可见的植物颗粒,采取全部取样的方式采集遗迹堆积(见表8-1)。由于南方土壤黏度较高,土样板结严重,驻地并未有合适的阴干场所,因此葫芦山遗址2014年度发掘所取得土样并未特意进行阴干工作,仅将采集土样的塑封袋口敞开放置在室内,直至浮选工作进行。

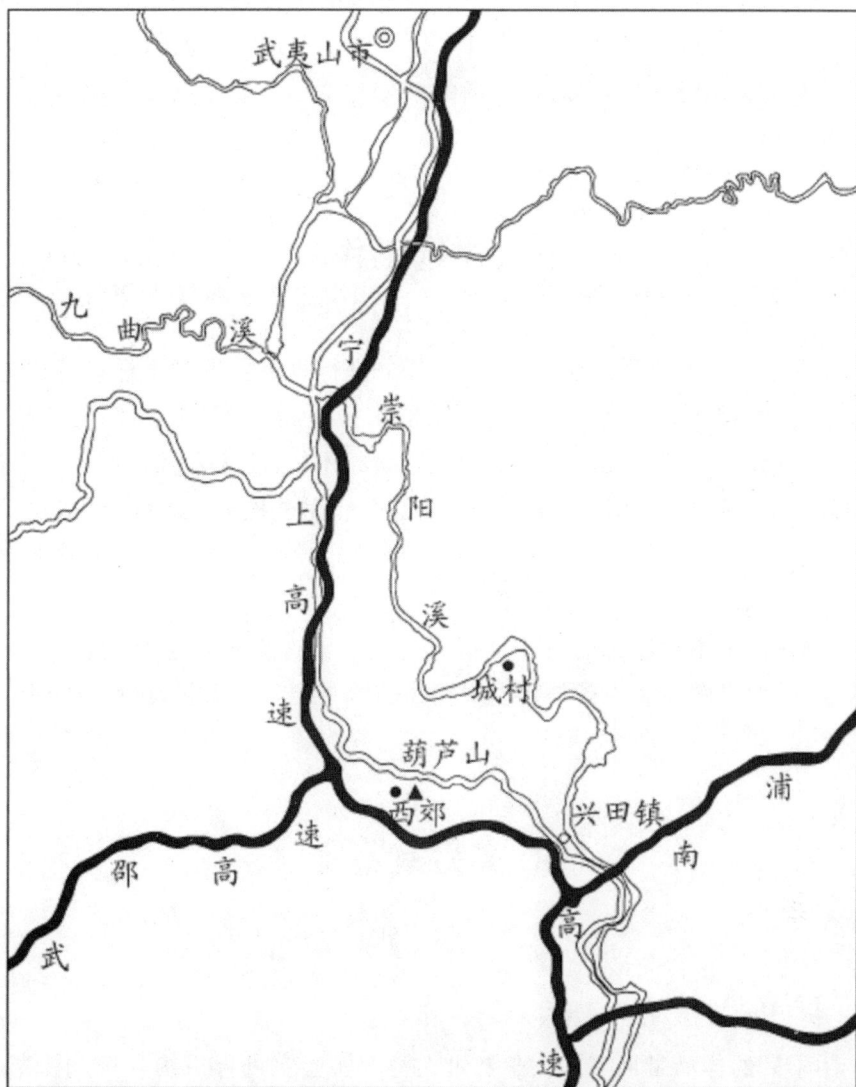

图 8-1　葫芦山遗址位置

表 8-1　2014 年葫芦山遗址遗迹单位采样样品数量

	灰坑	柱洞	窑	沟	合计
牛鼻山文化时期		4	1		5
马岭类型时期	62	5		1	68
合计	62	9	1	1	73

本次采样工作共提取 73 个不同遗迹单位的土样,包括灰坑土样 62 份,柱洞土样 9 份、窑土样 1 份和沟土样 1 份。这些浮选采样的遗迹单位,少量属于牛鼻山文化时期,约占总样本量的 3%;绝大多数属于马岭文化时期,约占总样本量 97%。

三、浮选工作

浮选采用小水桶浮选法,仅对轻浮部分进行收集。先对土样进行称重,记录重量,然后将土样倒入标记有刻度的水桶中测量体积。在浮选土样登记表中登记此次浮选遗迹单位的遗迹单位号、体积、浮选人及日期。往水桶中倒入清水,浸泡一段时间,在水中的土壤已经完全松散,没有板结成块后,用木棍搅拌水桶,在筛子上放纱布,将水隔纱布导出。重复上述步骤数次,待水中不再有炭化物上浮后结束。

浮选时,将本次浮选的遗迹单位号、体积、浮选人及浮选日期记录在一张纸条上,放入塑封袋中并与包裹炭化物的纱布袋系在一起,在室内阴干。

四、实验室鉴定

(一)分选

阴干后的样品带回厦门大学考古人类学实验室进行后续分析。首先进行了分选。使用四个不同规格的筛子进行筛选,筛子的孔径分别为:2mm、1mm、0.7mm 和 0.5mm。然后,分选后的样品通过体视显微镜进行镜检。

(二)镜检和称重

镜检中发现,大于 2mm 的筛子主要筛选出大于 2mm 的炭粒、稻和乌桕等;1mm 的筛子主要筛选出大于 1mm 的炭粒和植物种子、稻碎块、乌桕种皮碎片及其燃烧后的内容物等等;0.7mm 筛子主要筛选出大于0.7mm 的炭屑和植物种子、稻碎块、稻小穗轴、粟、乌桕种皮碎片及其燃烧后的内容物;

0.5mm 的炭屑并未进行分选，单独放入离心管中保存。

镜检按木炭、块根类、稻、粟、乌桕、小穗轴和其他植物种子进行分类。分选时，由于木炭有着明确的纵向筛管，首先进行分选，其后大于 1mm 的炭屑进行称重，对其中最大径在 4mm 以上的单独留存，一般来说，大于 4mm 的炭化木屑可以用于对遗址先民使用树木材料进行鉴定[8;110]。

本遗址并未发现可以进行鉴定的炭化块根植物，考虑到块根作物往往整株可食，被遗弃可能性小。同时，在遗址酸性土壤的掩埋下，块根作物保存可能性也较小，因此在考古发掘中很难发现具有鉴定特征的块根作物。此次发掘发现的块根类多为碎块，没有明显的形状，基本小于 2mm，大于 0.7mm。鉴于目前对块根类炭化物的鉴定，除形态研究外，没有其他方法，留待日后有可靠的方法再行鉴定[9]。

本次浮选的种子，农作物种子保存较为完好，特征明显，可以直接鉴定。水稻小穗轴则根据文献中的图片以及出土穗轴的 SEM 显微结构图进行对比、确定。杂草种子主要根据文献中的图片以及描述的尺寸进行鉴定。

浮选的木炭鉴定称重后，将不同的炭化物装入不同的离心管中，使用油性笔标明遗址名称，发掘年份以及炭化物出土的探方层位或者遗迹单位。鉴定时将具有特征的植物种子挑出，对其中具有鉴定特征的进行鉴定。仅残存部分特征，无法进行鉴定的种子则并未鉴定。

（三）拍照测量

鉴定结束后，挑选能够完整体现特征的植物种子进行拍照，放大倍数根据种子大小变更。拍照时使用相应的比例尺，以便使用测量软件对植物种子进行测量。稻和粟的完整颗粒均进行拍照，稻测量其长、宽，并计算长宽比；粟测量长、宽、厚、胚长和胚宽，并计算长宽比、胚长占种子长的比例。乌桕种子测量其短径和长径，并计算其比例；其余种子，测量近椭圆形的长径和短径、近圆形的直径。

（四）数量统计与分析

植物大遗存的数量统计方法主要有三种：绝对数量、出土概率和等级统计法，本文主要使用绝对数量统计和出土概率统计法。

量化分析中最为简单的是绝对数量统计法，只统计出土植物种子的数量。由于在堆积、埋藏和发掘过程中存在的多种干扰，因此绝对数量的统计并不能全面反映植物的实际情况,因此在统计中不能作为对比分析的唯一依据。

出土概率统计法在量化分析中精度最高,也是植物考古工作中运用最多的方法。出土概率是指在遗址中发现某种植物种类的可能性,由出土有该种植物种类的样品在样品总数中所占的比例计算得出。这种统计方法的特点是不考虑每份浮选样品所出土的各类植物遗存的绝对数量,仅以"有"和"无"二分法作为统计标准,可以最大程度地减少绝对数量统计造成的误差对分析结果的影响。这种统计方法可以看出某种植物遗存在遗址中的分布范围。从理论上讲,与人类活动关系越密切的植物种类被带回居住地的可能性越大,频率越高,被遗弃在居住地的频率也就越高,在遗址中分布的范围也就越广,反映在样品中的出土概率也就越高。不同植物遗存的出土概率可以作为推断它在人类生活中的地位的依据。

浮选植物遗存由于各种原因,出土数量分析存在不可比性。这时,可以采用等级统计法,将出土数量进行换算,人为设定几个相对数量等级,比如丰富、一般、稀少等,再进行对比[8:90-127]。鉴于本研究所发现的植物种类较为单一,而且数量分布极不均衡,所以没有使用等级统计法进行分析。

本研究浮选样品鉴定完毕后,对不同种属植物种子分类计数,并使用微软公司的 Excel 软件进行统计分析。

五、葫芦山遗址浮选结果

镜检显示,葫芦山遗址浮选出的炭化植物遗存包括炭化木屑、炭化植物种子和少量无法鉴定的炭化块根类。可以鉴定的植物种子包括:稻(*Oryza sativa*)、粟(*Setaria italica*)、铁苋菜(*Acalypha australis*)、乌桕(*Sapium sebiferum*)、紫苏(*Perilla frutescens*)和蔷薇科种子(Rosaceae sp.)(表 8-1,图 8-2)。

表 8-1　葫芦山遗址出土植物种子绝对数量统计表

		牛鼻山文化时期	马岭类型时期	合　计
禾本科	稻	—	26	26
	粟	—	2	2
大戟科	乌桕	—	480	480
	铁苋菜	1		1
蔷薇科			1	1
唇形科	紫苏		1	1
无法鉴定		1	3	4
合计		2	513	515

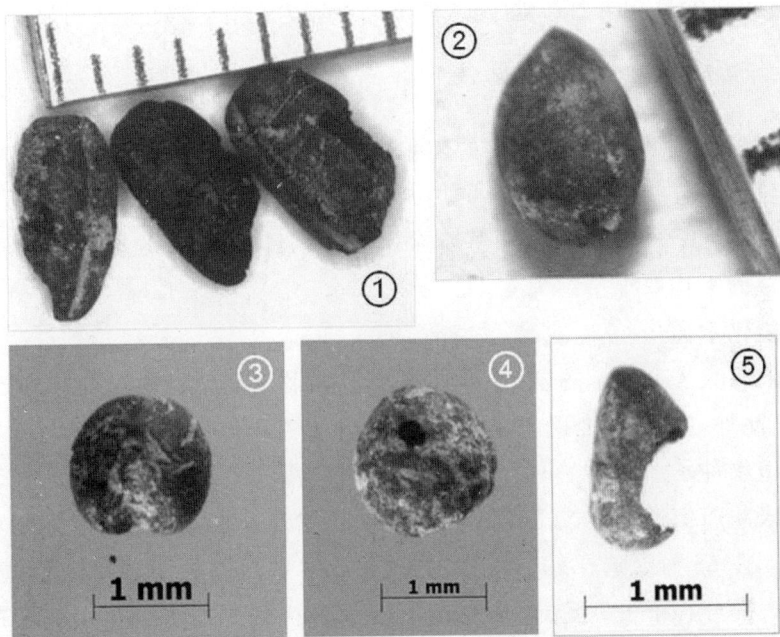

①水稻（Oryza sativa）　②铁苋菜（Acalypha australis）　③ 粟（Setaria italica）　④ 紫苏（Perilla frutescens）　⑤ 蔷薇科（Rosaceae）

图 8-2　葫芦山遗址出土炭化种子

（一）牛鼻山文化时期

本遗址牛鼻山文化时期遗迹单位不多，我们对 Y1、ZD15、ZD21、ZD22、ZD31 等五个遗迹单位分别取样。同时选取了 Y1 发现的木炭进行碳十四测年，测年结果为距今 5087—4913 年前（经校正）。本期浮选平均取土量为 1.6L。

1.炭化木屑

将大于 1mm 的炭化木屑收集称重，共发现炭化木屑 0.92g。

2.植物种子

本期发现的炭化植物种子很少，只有 2 颗，其中仅 1 颗保存了鉴定特征，鉴定为铁苋菜（*Acalypha australis*）（图 8-2:②）。铁苋菜是大戟科铁苋菜属的一年生草本植物，高 30 至 50 厘米。一般认为是一种田间杂草，常生于田间、路边和山坡上。广泛分布于我国黄河中下游及长江以南，安徽、江西、福建和江苏是其主要产地[10]。种子保存较为完好，鉴定特征明显。

（二）马岭类型文化时期

葫芦山遗址 2014 年度发掘的文化主体内容为马岭类型，我们对此期的遗迹单位共采样 68 个，其中，灰坑约占全部采样单位的 91%，柱洞约占 7%，沟约占 2%。其中 H85 内堆积基本全部采集，H107 仅采集上层堆积，本期遗迹单位的平均取土量约为 4.4L。

1.炭化木屑

我们将大于 1mm 的炭化木屑单独取出称重，本期的炭化木屑约为 28.7g。此外，在 H85 堆积内，浮选出炭化叶子三片，未鉴定。

2.植物种子

本次葫芦山遗址浮选工作的最重要收获是出土的马岭类型时期炭化植物种子。在 68 份浮选样品中，一共分选出 513 颗植物种子，97 个水稻小穗轴。绝大部分种子可以鉴定到种或属，还有极少破碎或者特征不完整的植物种子无法辨别。其中大戟科乌桕种子数量最多，占本期所有出土种子总数的 94%，禾本科的粮食作物水稻和粟种子占 5%，蔷薇科种子占 0.2%，唇形科紫苏种子占 0.2%，无法鉴定种子占 0.6%。

稻

浮选出的炭化农作物种子以水稻数量最多，有 26 颗。其中 4 颗接近完整,能获得测量数据。由于出土炭化稻有较多碎块,统计绝对数量时,单位遗迹中大于 1/2 的统计为 1 个,小于 1/2 的 2 个碎块统计为 1 个,单位遗迹小于 1/2 的碎稻数量为奇数时,加 1 变为偶数以便统计。水稻小穗轴与炭化稻米绝对数量分别统计;在统计出土概率时,由于均为水稻的植物遗存,1 个小穗轴代表 1 颗稻米,且部分灰坑仅有稻小穗轴出土,因此将小穗轴和稻种子作为一体计算分析。

在本期遗迹中,共发现水稻 26 粒,绝对数量约占本期出土植物种子总数的 5%。小穗轴共 97 个。样品分别来自 20 个灰坑及 1 个沟,出土概率约为 31%。

其中可供测量的稻米共 4 粒(表 8-2,图 8-2:①),形状呈阔卵形,剖面可见水稻特有的凹痕 4 条。长宽比均小于 2,根据与现代标本的数据对比,一般认为,稻长宽比小于 2 的为粳稻。尽管出土稻米在炭化过程中会出现粒型收缩问题,但此次出土稻的长宽比均在变幅范围内(1.6～2.3,个别可达2.5)[11]。

表 8-3　葫芦山遗址出土炭化稻测量数据

编号	粒长(mm)	粒宽(mm)	粒厚(mm)	长宽比
H107:1	4.72	2.68	2.12	1.76
H84:1	4.57	2.57	1.90	1.78
H85:1	4.75	2.4	1.83	1.98
G2:1	4.61	2.84	2.17	1.62

根据浮选结果,水稻炭化稻米的出土概率虽然较低,但是整体而言,水稻遗存的出土概率是可鉴定炭化植物遗存中最高的。因此,可以认为水稻在葫芦山先民的粮食作物生产中占有优势。

葫芦山遗址所在发掘区并不是现代水稻等农作物的种植区。从遗址周边地理环境来看,遗址位于葫芦山向阳坡地,山上并无水源。周边有众多隆起的小山丘,山间有平地,有溪流穿行而过,不仅能够给水稻等农作物种植提供充足的水分,还能提供平整的耕作区。因此,葫芦山山下的平地才可能是水稻种植的地区。此外,根据遗址出土有大量的水稻小穗轴,而小穗轴是水稻加工程序的副产品,因此认为遗址地本身应为农作物加工地而非生产地,很可能是葫芦山先民收割水稻后进行脱粒工作的场所。

117

我们选取部分穗轴做扫描电镜分析。根据 SEM 扫描电镜图(图 8-3),尽管土壤残留较多,仍可见基盘部位脱落处并不圆滑,脱粒区略呈长方形状,这是栽培稻穗轴存在的特征之一。同时,在体视显微镜下,可见部分穗轴基盘仍与稻杆相连,这种情况一般存在于所谓的"未成熟形态"稻中[13]。本遗址发现的小穗轴中属于未成熟形态的比例很低。考虑到即便是同穗收割的水稻,也存在成熟程度的差异,因此,笔者认为存在"未成熟形态"的穗轴并不能说明葫芦山先民的稻作农业水平。

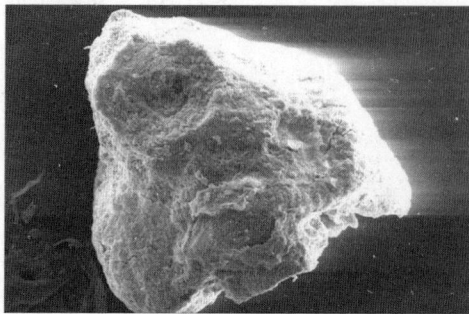

图 8-3　葫芦山遗址小穗轴扫描电镜图像

除植物考古证据,葫芦山遗址出土石器也可作为研究先民经济生活的证据之一。石镞一般认为在狩猎行为中使用,石刀则一般认为是收割农作物的工具。根据民族学材料,出土的穿孔石刀与现代华北、西南等地的摘穗收割工具爪镰极其相似[14,15]。穿孔石刀可能是一种专业性较强的收割工具,收割稻穗时,将绳穿入石刀孔内,与手相连使用[16,17]。因此,我们认为它能够代表农业行为中的摘穗收割行为。此外,根据对喇家遗址石刀残留物的研究[18],穿孔石刀上残留的植硅体和淀粉粒,均主要来自农作物茎叶,还有少量淀粉粒来自植物种子,这一结果,也是符合穿孔石刀摘穗收割的判断。

在葫芦山遗址③层及开口于③层下的灰坑中,出土有大量石器。其中石镞共发现 32 个,石刀仅发现 4 个,均为穿孔石刀,二者数量差异 8 倍之多。这提示我们,在葫芦山遗址虽然已经存在农业种植活动,但是狩猎活动可能仍是先民最主要的经济生活,狩猎采集活动仍是其主要的食物来源。稻作农业生产水平可能仍较为低下,未能取代狩猎采集活动在经济生活中的主体地位。

粟

本期浮选出炭化粟 2 颗,绝对数量约占本期出土植物种子的 0.4%。分别来自 2 个灰坑单位,其出土概率约为 2.9%。特征明显,均无壳,表面光滑,剖面形状近半椭圆形,其中 1 颗保存完整。对其粒长、粒宽、粒厚、胚长和胚宽进行了测量,胚长占粒长的 3/4 以上(见表 8-4,图 8-2:③),因此判断是粟。

表 8-4　葫芦山遗址出土炭化粟测量数据(mm)

粒长	粒宽	粒厚	胚长	胚宽
1.22	1.27	0.78	0.93	0.60

此次发现的完整粟粒,粒长短于粒宽,可能是由炭化变形所致。从测量数据看,各项数据与成熟粟炭化后的数据相比均较小[19]。

将本次浮选粟粒测量数据与现代粟粒数据相比,其尺寸亦小于现代粟粒。根据宋吉香等[20]对现代粟未成熟形态进行的研究,此次出土的粟大小接近现代未成熟形态粟粒。但是由于气候环境、种植水平等差异,现代粟的大小与古代粟粒大小可能存在差异。由于未能在东南地区找到与葫芦山遗址年代相近的出土粟粒遗址,因此,笔者将本遗址出土的粟粒测量数据与稍早的石家河文化晚期湖北谭家岭遗址[21]和稍晚的商代晚期山东大辛庄遗址[22]浮选的粟粒数据作比较,结果显示,葫芦山遗址的完整粟粒测量数据除粒宽外,基本落在了谭家岭遗址粟粒变异范围内,同时与大辛庄遗址粟粒测量数据的 B 类粟结果一致。表明在这一大的时间范围内,南北方粟作种植生产的粟粒大小可能并无明显差异,其测量数据均小于现代粟粒。从出土粟粒的绝对数量和出土概率均较小来看,粟在葫芦山先民的食谱中的重要性应远低于水稻。

虽然本次发现的粟样本量小,但均为脱壳粟,结合出土粟粒的尺寸,笔者初步认为存在两种可能,一是葫芦山先民已经有种植粟的行为,粟成为葫芦山先民食谱中的组成部分。二是他们与粟作农业种植的人群有所交往,在贸易中交换而来,遗址中发现的粟粒是偶尔掉落的。针对这两种可能,后文会深入讨论。不论如何,我们都需从更广泛的区域寻找葫芦山粟作种植技术的来源或贸易交流的途径。

乌桕

本期出土大戟科乌桕种子共 480 颗,占出土植物种子绝对数量总数

93.6%。来自于 10 个灰坑单位,出土概率为 14.7%。鉴定特征较为明显,乌桕种子高度炭化,外表光滑,种脐清晰,与现代乌桕种子特征基本一致。

统计绝对数量时,完整的共 351 颗,其余皆为乌桕种皮碎片。统计绝对数量时,出土完整颗粒的灰坑中的种皮碎块,大于 1/2 的统计为一个,小于 1/2 的大于 1/4 的 2 个统计为 1 个,小于 1/4 的 4 个统计为一个;没有完整颗粒出土的遗迹单位,一般出土细碎的种皮及其燃烧后内容物,因此以一个遗迹单位一个种子进行统计。

乌桕作为一种经济作物,在本次的浮选工作中绝对数量最高。从乌桕种子的出土概率来看,它在葫芦山先民的采集活动中是占有一定的地位的,并且有相应的利用活动,笔者在第七章已经进行了深入讨论。

蔷薇科

本次浮选出土蔷薇科种子(图 8-2:⑤)共 1 颗,出土自灰坑。蔷薇科有草本、灌木或乔木,分布在全世界,主要是北温带,遍及我国[23]。绝对数量占本期出土植物种子 0.19%,出土概率为 1.47%。种子个体极小,应为蔷薇科草本或灌木的种子,难以鉴定到属。

紫苏

本次浮选出土紫苏种子(图 8-2:④)1 颗,出土自 G2。紫苏为一年生直立草本,原产亚洲东部,古代称苣,广泛分布于我国各地,在我国有两千多年的培育历史[24]。其绝对数量占本期出土植物种子 0.2%,出土概率为 1.5%,种子保存完整,特征明显。

无法鉴定种子

本期浮选发现无法进行鉴定的共 3 颗,来自 3 个灰坑,其中 2 颗为果实,另 1 颗种子丧失鉴定特征。三颗样品个体均非常小,直径在 1.5mm 以下。

六、葫芦山遗址的碳十四年代测定

植物考古不仅可以获取先民植物利用的信息,也可为碳十四测年提供材料。为了考察葫芦山遗址的绝对年代,我们选取 3 个炭化样本交由美国 BETA 实验室通过加速器质谱法进行年代测定,样本情况见表 8-5。其中,炭化树皮所在单位窑 Y1 属于葫芦山遗址第一期遗迹,炭化种子所在灰坑 H85 和 H107 属于第二期遗迹。

表 8-5　葫芦山遗址碳十四测年结果

样本号	样本类型	出土单位	碳十四年代（BP）	树轮较正年代		置信度
				BC	BP	
15HLS_01	炭化乌桕种子	H85	3580±30	1965－1889	3915－3839	68.50%
15HLS_02	炭化水稻种子	H107	3490±30	1893－1741	3843－3691	93.40%
15HLS_06	炭化树皮	Y1	4390±30	3092－2918	5087－4913	95.40%

　　测年结果表明，Y1 中所出炭化树皮的年代最早，校正后的年代约为距今 5000 年。乌桕和水稻的测年结果相近，而以前者稍早。总的来说，碳十四测年结果与类型学判断的年代是吻合的。

七、葫芦山遗址的稻作农业

　　稻是世界三大粮食作物之一，也是我国南方地区自古以来的主食来源。在中国，水稻的起源与传播问题一直是考古学界十分关切的课题。葫芦山出土的水稻种子碳十四测年早至约距今 3800 年，这是福建地区首次直接测年的水稻遗存，为我们考察这一地区稻作农业的起源提供了重要资料。

（一）中国稻作遗存概述

　　栽培水稻由野生稻驯化而来。栽培稻只有两种，分别是亚洲栽培稻（*Oryza sativa*）与非洲栽培稻（*Oryza glaberrima*）。亚洲栽培稻的祖先，被认为是多年生野生稻（*Oryza perennis*）。在我国，现代野生稻主要分布在云南、广西、海南、广东、湖南、江西、福建和台湾岛等地[25]。关于中国栽培稻的起源地，目前虽仍未有明确的地点，但是根据我国目前发现出土有最早水稻遗存的遗址（距今一万年前后）来看，分别位于湖南道县玉蟾岩遗址、江西万年仙人洞和吊桶环遗址、浙江浦江上山遗址等地，证据集中在长江中下游地区。在湖南和江苏等地还发现了稻田遗迹。这些资料表明，中国稻作农业应该是起源于长江中下游地区[26]。
　　首先是从大植物遗存出发对稻作农业进行研究，包括水稻粒型分析、水稻粒型判别公式分析，古稻芒的鉴定，水稻稃面的双峰乳突以及出土水稻小穗轴研究等[27]。

此前,我国的水稻粒型研究,绝大部分都是依靠出土稻米(稻谷)的长宽比判断。长宽比小于 2 的认为是粳稻,长宽比大于 2 的则判断为是籼稻,这是传统的水稻粒型分析法[25]。但是这一指标存在不确定性。考虑到炭化稻的炭化收缩问题,简单的长宽比对水稻粒型的判断存在不合理性,并且,长宽比大于 2 小于 2.3 的炭化稻谷,存在非粳非籼的现象,即中间型的问题。现代栽培稻的统计数据表明,根据粒型区别粳稻与籼稻,其准确率仅为 60%。而针对古代保存下来的古稻,其准确率会更低[28]。因此,必须寻求其他的方法对水稻两个亚种进行区别[12]。部分学者根据出土古水稻与现代野生稻数据,建立新水稻粒型判别公式,试图将传统粒型分析方法进一步延伸[5]。粒型函数判别公式将水稻分为野生稻、籼稻和粳稻三类。并提出"古栽培稻"的概念,代表从野生稻向栽培稻演化中,具有过渡性质的稻种。但是,在新石器时代,不同地区的自然地理条件不同,生产水平有高低,导致出土水稻在生产时,不同地区水稻便可能存在稻米尺寸的差异。因此,在实际运用中,这一方法在野生稻、古栽培稻和栽培稻的区分上仍是存在误差。

如果出土的古稻谷保存完整,那么稻谷上的芒也是鉴定野生稻与栽培稻的特点之一。根据芒上刚毛的特征,可对出土古稻进行区分。根据现代的水稻特征,野生稻芒上刚毛长,且基部分布密集,而栽培稻则相反,芒上刚毛短疏。也可通过芒上刚毛分析水稻粒型。一般而言,粳稻有芒,且芒上刚毛较长,籼稻则相反,较少或没有芒,芒上刚毛短。但是,这一方法对出土古稻完整度要求极高,因为炭化稻芒上刚毛极其脆弱、易断,会影响到最终结果的判断。加之对现代水稻的研究发现,粳稻与籼稻芒的生长,会随环境、气候不同而不同,区分时难以对这些进行判断,因而难以得出确切的答案[27]。

针对保存完整的古稻谷,张文绪[5]应用现代水稻数据,通过研究水稻稃面的双峰乳突数据,来区别籼稻与粳稻。成功得到了双峰乳突三性状的判别公式,并应用在陶片上的稻壳印痕研究中,为没有炭化稻遗存出土,但在陶片及红烧土中发现印痕的遗址水稻研究提供方便。但是这种研究必须要有稻谷遗存或有相关印痕的器物出土方可进行研究,无法应用到炭化稻米的研究中。

水稻小穗轴是连接水稻稻谷和稻穗的节点,颗粒极小,在考古遗址中常有发现。水稻小穗轴的研究主要是针对其基盘。小穗轴基盘研究可以用于辨别野生稻与栽培稻。根据野生稻与栽培稻的生物学特性,野生稻一般是在成熟之后自然脱粒,脱粒性强。在扫描电镜下小穗轴基盘表面光滑,且其脱落处外凸,圆形,而栽培稻则不然。栽培稻的脱粒性弱于野生稻,其小穗基盘部位是粗糙的,脱落处内凹,形状呈方形或不规则形状[12],部分出土穗轴上会有基盘部位残留突出的维管束,这种现象在未成熟前收割的稻谷穗轴基盘上会有出现,认为这种形态下的穗轴为"未成熟"形态。鉴于这种形态的穗轴同时出现在未成熟的现代栽培稻及野生稻中,因此,在研究时应当将这一形态作为中间过渡型统计研究。此外,水稻小穗轴还可用于辨别水稻粒型。郑云飞等[12]通过对田螺山小穗轴基盘的研究,认为粳稻穗轴上残留有副护颖,提出以穗轴鉴定水稻粒型的方法。水稻小穗轴研究法要求出土穗轴必须是成熟形态的方具有统计意义。但成熟穗轴分析标准存在着一定的混乱,实际判断具有一定的难度,需要更为全面的判别标准,以便在研究中能更加广泛的运用。

其次是从微植物遗存出发对稻作农业进行研究,包括水稻植硅体、孢粉、淀粉粒和水稻 DNA 的研究。水稻的茎、叶和颖壳部位所产生的植硅体均不相同,颖壳的为双峰型植硅体,稻叶表皮机动细胞为扇形植硅体,叶茎为并排哑铃型植硅体。由于并排哑铃型植硅体也存在于假稻属(*Leersia*)和菰属(*Zizania*)中,因此不能单独作为水稻遗存鉴定的标志。

通过分析遗址内植硅体的分布密度,可以探查古人采收、加工水稻的地区及其方法。通过对收割工具上的植硅体分析,可以判断遗址水稻是整株收割还是摘穗收割。植硅体分析是寻找古代水稻田的重要研究方法。在1994 年草鞋山遗址进行的中日联合考古调查中,对遗址及周边范围进行了系统的土壤采样,通过植硅体分析调查各层位中水稻植硅体的密度变化,成功推测出古水稻田的的位置及范围[30]。

此外,水稻扇形植硅体和双峰形植硅体用以区别野生稻与驯化稻。扇形植硅体前缘的鱼鳞状纹饰数量可以作为野生稻与驯化稻的判别标准,大于等于 9 的被认为是一个驯化特征[31];双峰形植硅体的鉴别上,赵志军等[32]提取现代的完整水稻的双峰形植硅体,根据其峰间距、垭深、体高和体宽 4 项数据,计算出栽培稻与野生稻的判别公式。顾海滨[33]观察出土古稻的双峰形植硅体,测量其峰间距、垭深、双峰角度,计算出新的栽培稻与野生稻判别公式,但她认为这一判别公式的可信度为 68.72%,仅在一定范围内能进行鉴定。

水稻植硅体还可应用于鉴定亚种。王才林、郑云飞等[34,35]等认为,水稻扇形植硅体中,厚而尖的大型是粳亚种的特征,圆而薄的小型是籼亚种的特征,并建立对应的判别式。傅稻镰等[13]发现随着水稻驯化的进行,越往后,小型扇形植硅体的逐渐消失,认为大的扇形植硅体可能是只用镰刀收割水稻上半部分造成的,而小的扇形植硅体随着驯化的进行逐渐消失,意味着收割方式不再连根拔起。

淀粉粒主要沉积于陶器残留物、骨器和石器等加工工具表面和人、动物牙结石中。通过提取淀粉粒进行分析,可以了解遗址先民加工食用农作物的行为。根据现代样品的淀粉粒,无论是野生稻还是栽培稻都呈现粒径小、消光臂夹角尖锐的特点,大部分野生稻淀粉粒略小于栽培稻淀粉粒,也存特例。因此,仅从淀粉粒方法出发,目前尚难以鉴定野生稻与栽培稻[36]。

孢粉研究在水稻遗存分析中主要用于区分栽培稻和野生稻,以及对稻田土的研究。鉴定栽培稻与野生稻主要是根据其孢粉直径判断,栽培稻的孢粉直径一般在 35 到 50 微米,最大可达 60 微米,而野生稻的孢粉一般为 20～25 微米,少数 30 微米,特殊情况下可达 35～40 微米[37]。根据遗址中检测到的水稻孢粉数量,能够推测出水稻的栽培密度。根据水稻孢粉在样品中所占比例大小,能够推测出水稻的栽培水平。通过不同植物不同比例的孢粉含量,还可以复原遗址周边古环境。但是,孢粉是极易受自然界外力影响的,例如风、水等都会使孢粉离开其原生环境,因此,考古遗址中发现的孢粉不一定能代表遗址周边古环境[38]。

微植物遗存研究中还有一种不太常用的方法,即 DNA 研究。我国的古水稻 DNA 研究始于 20 世纪末。1999 年,汤陵华等[39]提取了草鞋山遗址各个时期的水稻 DNA,均提示草鞋山遗址的水稻是粳稻,而传统的粒型研究则认为是籼稻[40],显示 DNA 研究在水稻亚种区分上有一定优势。但是古水稻的 DNA 提取极其困难,易污染,并不是所有的古水稻都能够提取到DNA 进行分析,因而也难以推广。

福建地区作为是现代野生稻分布区域之一,史前稻作农业的发展程度一直不甚明晰。在葫芦山遗址浮选出的水稻遗存,年代已相当于中原的夏商时期,因而,显见已经与水稻起源问题无关,而与水稻种植技术的传播问题相关。

在长江下游地区,草鞋山、田螺山等多个遗址发现至晚距今约 6000 年前的水稻田,说明水稻种植方法在长江下游地区已经逐渐成熟。秦岭[41]认为长江中下游在距今 6000 至 4000 年前完成了稻属植物的驯化,在距今约 5000 年前的良渚文化时期,向南将稻作农业传播到闽粤地区,沿海地区以昙石山文化为代表,内陆地区以石峡文化为代表。

(二)福建地区早期水稻遗存

福建早期的水稻遗存基本集中在闽东沿海地区。沿海发现年代最早的水稻遗存是昙石山遗址第九次发掘浮选的炭化稻米,共发现 3 颗。由于样本量太少,因此很难说明昙石山先民有进行稻作农业的行为,或者说昙石山文化的稻作农业水平可能不高[2]。根据昙石山遗址人骨碳氮同位素的研究,昙石山的先民仍然是以海洋捕捞作为经济生活的主要部分,稻作农业的因素即使存在,也可能只是辅助性的经济形式[42]。

昙石山文化之后,闽东沿海的另一考古学文化为黄瓜山文化。在黄瓜山遗址,发掘者水洗出炭化稻米 6 颗[43]。根据黄瓜山遗址的植硅体研究,从发现的水稻哑铃形植硅体判断,黄瓜山遗址的水稻植硅体主要是籼稻的植硅体,植硅体中数量最多的为水稻双峰形植硅体,显示黄瓜山先民摘穗收割的行为[44]。

同为闽东沿海的闽侯庄边山遗址,同时有昙石山文化层与黄瓜山文化层。在庄边山遗址的植硅体研究中,研究者发现在昙石山文化层与黄瓜山文化层均有少量的栽培稻的扇形植硅体。但是数量极少,其中昙石山文化层 7 个,黄瓜山文化层 5 个。在庄边山遗址中,两个不同时期文化层的水稻扇形植硅体,数量基本没有变化,可见从昙石山文化到黄瓜山文化时期的近一千余年间,闽东沿海地区的稻作农业水平没有显著发展。研究者判断这一时期的水稻种植仍处于初始阶段[3]。

在福建内陆地区,三明明溪南山遗址的植物考古工作十分重要。该遗址 2005 年度发掘开展了浮选工作,出土大量炭化稻米。张文绪(2009)对南山遗址古水稻进行了分析,认为南山的古稻表现出小粒的特征,显示南山古稻处于从原始古水稻向现代栽培稻进化的过程中。在粒型上,已经有粳亚型的特征,但这种特征显示处于形成的早期、原始阶段,在粒型上仍有籼亚型或中间型的特征。因此推断南山遗址的水稻已经处于有人为干预的阶段,但是与现代普通野生稻、现代粳稻区别明显,处于非常原始的演化阶段,与湖南八十垱水稻数据相近[5]。

但是,南山遗址的测年结果给这一结论提出了挑战。首先,南山遗址的水稻居于水稻南向传播的哪个环节仍然是不清晰的。在距今5300—4500年前,稻的驯化是否仍在进行之中?假如南山遗址的稻作农业是受到良渚文化所代表的稻作农业影响产生的,那么在成熟的稻作农业传播中,不应产生品种如此原始的稻米。其次,南山遗址已经是福建地区迄今为止发现最多古稻米的遗址。如果南山遗址处于野生稻向栽培稻驯化的阶段,那么,其余遗址发现古水稻遗存,所代表考古学文化的稻作农业水平,恐怕更加缺乏说服性。最后,粒型函数分析在当今学术界的研究中能否作为栽培稻或野生稻的确切划分基准,这一问题仍然是有待商榷。

虽然福建有多个遗址都出土有水稻或与之相关联的其他遗存,但是,新石器时代的遗址大都集中在沿海地区。对于福建内陆山区,尤其是闽江上游的武夷山区,尽管地理位置关键,处于我国水稻种植技术南向传播的两条路线中间,但是史前稻作的存在与否一直没有直接的证据。通过本次植物考古工作,确定本区在距今4000—3600年前就已有水稻种植活动。

根据传统考古学文化因素分析,本次浮选出土水稻所在文化层,葫芦山遗址二期文化在保有自身文化特点的同时,与闽江下游黄瓜山文化、浙西南的好川文化、赣东北的社山头二期、三期文化都有着密切的联系[45]。地处这一文化的大融合地带,葫芦山遗址先民可能在稻作农业种植技术上,同时受到几个方向的影响。因而本文仅对在良渚文明所代表的稻作农业技术南传过程中,葫芦山遗址水稻的来源做出初步推断。

此外,由于此前本区的植物考古工作不足,葫芦山遗址的水稻发现尚属首次。目前闽北地区的考古材料显示,在新石器时代晚期,本次发现的水稻是距今为止闽北地区最早的水稻遗存。即闽北地区可能直至区内马岭类型时期,才产生稻作农业经济。

(三)牛鼻山文化时期周边考古学文化稻作农业水平

在马岭类型之前,闽北地区的考古学文化是牛鼻山文化。在牛鼻山文化时期,浙西南、赣东北和闽江下游的考古学文化分别是好川文化、樊城堆文化和昙石山文化。牛鼻山文化处在三者之间,在保有自身文化特色的同时,受其强烈影响。

浙西南好川文化是分布在瓯江流域及仙霞岭北麓的史前文化,年代在2200—1700BC[45]。其分布地域与闽北地区仅仙霞岭一山之隔,所处年代跨越闽北牛鼻山文化时期与马岭类型时期。浙江温州老鼠山是好川文化时的考古遗址,年代在距今约 4000 年前。根据老鼠山遗址的植硅体分析,水稻植硅体为双峰型植硅体,属于栽培稻。但是,在发现有双峰型植硅体的样本中,双峰型植硅体占比低于 0.5%。研究者认为,这说明老鼠山遗址先民很可能仅在山下滩涂进行原始农业栽培,以填补狩猎采集收获的不足[46]。

在江西地区,早年发掘的多个新石器时代晚期遗址,包括尹家坪、樊城堆等赣北遗址均发现有稻谷或稻秆的印痕,说明在赣北地区,先民种植水稻的行为是较为普遍的[47]。但是,其稻作农业水平则需更多材料加以印证。对赣江中游的数个新石器时代晚期遗址的石器淀粉粒残留分析结果表明,这些遗址石器淀粉粒残留最多为薏仁属(*Coix* spp.),稻属(*Oryza* spp.)淀粉粒含量较低,仅为总量的 6%,其次还有根茎类淀粉粒、豇豆属和极少量姜科淀粉粒。考虑到本次分析的遗址在考古发掘中均发现有稻米或稻秆印痕,因此,认为此次发现的稻属淀粉粒应为栽培稻淀粉粒。稻属淀粉粒的含量低,说明江西地区在距今 4000 年前后,水稻种植很可能不是其主要的粮食来源。从发现的薏仁属淀粉粒来看,时人应该仍然是以狩猎采集经济为主。有块根类淀粉粒,推测时人可能有采集块根类作物的迹象。辅以少量的水稻种植,稻作农业水平与好川文化接近或稍高于好川文化[48]。

前文已经论证,昙石山文化的稻作农业水平不高。明溪南山遗址浮选出土数量较多的炭化稻米,表明当时闽西地区的稻作农业水平高于闽东沿海。但是南山遗址的最新考古材料尚未发表,我们难以获得明确的资料。综上所述,在距今 5000—4000 年间,闽北地区四周的考古学文化虽然都已有稻作农业产生,但大部分仍处于稻作农业生产的初始阶段。其中,在距今 5000—4500 年前,牛鼻山文化以南的闽西地区的稻作农业可能较为发达。

(四)稻作农业南传路线与闽北稻作农业的缺失

在良渚文化所代表的稻作农业技术南传的路径中,广东岭北地区的石峡文化的发现十分重要。1973 年开始,石峡遗址经过了多次发掘,在石峡遗址的中层、下层以及中下层的墓葬中都发现有栽培稻遗迹,包括保存在红烧土硬块中的稻秆、稻壳和在窖穴中发现的稻米堆积[49,50]。

石峡遗址主体石峡文化年代在距今 5000—4300 年前,表明此时石峡遗址下层先民就已经进行了较为密集的水稻种植活动。而在我国东南和华南地区,这样发达的稻作农业技术是孤立存在,石峡文化先民代表的稻作农业水平高于周边省份的考古学文化。因而,笔者认为,在水稻种植技术的南向传播中,石峡遗址应该被列为一个节点。

苏秉琦[51]认识到良渚文化与石峡文化之间的密切联系,根据石峡文化与樊城堆文化的联系,认为从北江到赣江流域的河谷是一条重要的文化交流要道。朱非素[52]根据石峡文化与苏南、浙北和江西地区相关考古学文化的关系,提出石峡文化与良渚文化交流的陆路线路:从太湖流域,经长江中游平原,南经鄱阳湖流域,经赣江流域至南岭隘口,从而到达曲江石峡文化分布范围。不论这一线路是否符合真正的良渚文化与石峡文化交流线路,良渚文化与石峡文化交流的陆地线路,都无法避开江西赣江流域的樊城堆文化。正如前文所述,樊城堆文化各遗址的稻作遗存与石器淀粉粒残留物分析都表明,樊城堆文化先民虽然掌握了相当的水稻种植技术,但其经济主体仍是采集狩猎经济。这与良渚、石峡的稻作农业水平存在着巨大差距。

良渚文化所代表的稻作农业技术,除了南向内陆的传播途径,也有学者提出了海路的传播途径。朱非素[53]根据石峡文化与昙石山文化的关联提出,良渚文化传播的另一条路径:即从海路经昙石山文化区,从粤东地区登陆,再从粤东地区传播岭北地区。但这一假设同样存在一个问题,即昙石山文化所代表的稻作农业水平,远低于石峡文化。

因而,笔者认为,稻作农业的南向传播,并不是按照学者所推断的传播路线逐步推进传播的,而是有重点的进行传播的。在这一传播路线中,良渚文化与石峡文化所代表稻作农业水平,远高于传播路线其他环节的考古学文化。可能正是这种有重点的传播,导致非重点传播地区的考古学文化,对稻作农业技术的学习不够彻底,稻作农业水平较低。当然,我国的华南和东南地区,由于优异自然地理条件,赋予了广泛的食物来源,所以在先民经济生活中,稻作农业因素不是必需的。从文化因素分析来看,良渚文化对这些地区考古学文化的影响,远小于对石峡文化的影响,这也许也是非重点传播地区的稻作农业水平较低的原因之一。

在石峡遗址发现后,多位学者对石峡文化的性质有所推断,前期大部分学者认为石峡文化可能是良渚文化的一支南下广东,征服土著先民所创造的文化[54]。随着对石峡文化内涵的进一步认识,现在大部分学者认为,从石峡文化的器物形制来看,石峡文化应是来源于石峡下层文化,是土著文化发展而来[55]。

从稻作农业角度来分析,石峡文化所代表的较高的稻作农业水平,很可能正因为是良渚先民的南下而非稻作农业技术南下,才会导致稻作农业南传过程中节点所在的稻作农业水平远高于传播路线的其他环节。但是，南下的良渚先民所创造的文化，是独立打败了石峡下层文化所在族群，成为一个独立的外来文化，亦或是与之有所融合，成长为新的土著文化，则不在本文的讨论范畴内。

同样需要说明的还有明溪南山遗址，除石峡遗址外，南山遗址的稻作农业所代表的较高的稻作农业水平也是一个孤立存在的点。但是由于南山遗址最新的发掘资料尚未发表，不能明确它与其他考古学文化的联系，因此在这里并不加以讨论。

总体而言，良渚文化所代表的成熟稻作农业技术，在南传过程中对闽浙赣交界地区的考古学文化影响有限。浙西南、赣东北和闽江下游地区的考古学文化稻作农业发展程度基本处于初始阶段，对于三地先民而言，自然环境条件优异，采集狩猎活动已经能够基本满足日常所需。正如前文所述，对他们而言，稻作农业技术更可能作为季节性补充的食物来源，而非主要来源。

而闽北地区在这一轮的稻作农业技术传播过程中，并未紧随三地的考古学文化产生稻作农业。原因可能是多方面的，首先，这可能是由闽北地区的自然地理环境决定的。闽北地区并不是良渚文化圈至石峡文化圈的必经之路，且地理位置相对隔绝。虽地处三种考古学文化交界地带，北有仙霞岭，西有武夷山脉相隔，与浙西南赣东北的考古学文化交流并不容易。而昙石山文化地处闽江下游，下游向上游的文化回溯在新石器时代晚期也并非易事，需要有一定的舟船技术才能做到。自然条件优越以及地理环境的相对隔绝，使得良渚文化的稻作农业南向传播时，武夷山地区未能成为直接受益者。

其次，稻作农业种植需要整治水稻田与田垄、灌溉与排涝等较为精细的农业活动。由于闽北不处于水稻南传的传播路线上，优越的自然条件，使得武夷山先民并不需要进行繁复的种植活动，便能够满足生活所需。因此没有急迫地从周边考古学文化中，学习稻作农业种植技术。

（五）闽北地区古气候变化与本区稻作农业的产生

在距今5000—3000年前的全新世中期晚段，我国东南部气候基本温暖，偶有波动。根据古动物群的研究，当时的亚热带比现在北移若干纬度线[56]。气温升高与地质结构变化引起的大规模海侵使得福州盆地再度被淹[57]。闽江下游昙石山文化一带植被繁茂,昙石山、庄边山和溪头遗址附近植被以蕨类占多数。溪头遗址孢粉鉴定显示以栲、栎为代表的南亚热带常绿林,伴生旺盛的林下草木灌木、蕨类植被。

溪头下层及灰坑中动物骨骼所显示的种群结构为叶猴、鹿、水鹿、牛、鳖和象等典型的南方型和森林型色彩浓厚的动物群。今天我国大象分布最北为云南西双版纳地区,水鹿大都分布在北回归线以南,叶猴生活在云南和广西南部,说明当时的气候比今天要炎热、湿润,估计温度至少高现在 2.5℃左右,属于海洋性亚热带气候[58]。武夷山区地处闽江下游、浙西南和赣东北的交接地带,自古就是山林茂盛,区内河谷、溪流穿行而过,在全新世中期晚段气候转暖期间,区内的动植物资源丰富。

但是,进入距今 4000 年前后,全球气候突然恶化,趋于干凉。至少在北半球区域内,气候在 4200—4000BP 发生突变。已有测年记录的冰芯[59]、湖泊沉积[60]、孢粉、石灰岩洞穴中石笋[64]、滨海地区海滩岩[65]等多种记录指示我国各区域均出现降温事件,部分地区湿润程度(即降水量)高于现代。

从施雅风[66]绘制的近万年来中国温度变化曲线中可看出,在 4000aB.P. 前后存在一次降温,当时的温度比之前要低许多,稍高于现在的温度。彭亚君[67]总结为东部季风区大部分地区气候表现为降温,干或偏干,长江下游和黄土高原地区出现局部的湿润记录。

在我国,对应有中原地区的龙山文化、长江中游的石家河文化、长江下游流域的良渚文化、西拉木伦河的小河沿文化和内蒙古岱海地区的老虎山文化的衰落或消亡[68,69]。由此可见这一降温及降雨量的局部增加事实对我国古代文明的发展的影响。其后,东部季风区气温再度回复温暖,直至距今约 3000 年前后。

而在福建地区,根据杨建明等[70]对福建沿岸 6000 年以来海平面的研究,在距今 4000 年前后,福建的海侵曾短暂后退,海平面降低至低于现代海平面 2 米的高度,随后迅速上升,显示当时气候的骤降的干冷环境。针对福州盆地的孢粉研究,显示距今 4200 年前,存在短时间内大量增加蕨类和针叶类孢子事件,显示当时气候转为干旱[71]。

由于年代久远,我们仅能重建当时的环境,但对于先民的生存状态难以做出更详细的推断,因此,我们将其后一阶段的闽江流域气候与史籍记载相结合,进而可以窥见此时闽江流域先民的生存状态。

进入距今 3000—1500 年间的全新世后期,据研究,这一阶段气温低于前一阶段,海平面再次下降[66]。溪头上层动物群明显表现出与下层的区别,经鉴定为犀牛、熊、豪猪、牛、梅花鹿、水鹿等,其中熊是寒冷气候下生存的物种[66]。在史籍记载中,《史记》载:"楚越之地,地广人希,饭稻羹鱼,或火耕或水耨,果陏蠃蛤,不待贾而足,地势饶食,无饥馑之患……是故江、淮以南,无冻饿之人,亦无千金之家。"[72]《盐铁论》载"荆扬南有桂林之饶,内有江湖之利,左有陵阳之金,右有蜀汉之材。[73]"在气温低于现在的时期,楚越之地的百姓饭稻食鱼,瓜果丰富,水产品充足,不需与外界进行商贸活动即能满足生活需求,环境的富饶,使得他们无需担忧饥饿。

通过对牛鼻山文化至马岭类型时期福建地区古气候变化的重建,我们可以看出,在距今 5000—3000 年前,闽北地区虽然生产力较为低下,人口较少,但食物来源是充足的。但是,必须认识到,距今 4000 年前后的气温突降,使得从距今 5000 年前后就一直生活在闽北地区的葫芦山先民,将面对可供狩猎的动物来源变少,气候变化也使得传统的采集食物生长变缓或者不再生长,采集食物较之前一阶段减少的局面。这种情况下,即使加上原有获取块根类作物的采集活动,也不能满足先民生活所需。因而需要与周边的古文化交流稻作农业种植技术,进一步补充生产所需。

综上文所述,马岭类型时期闽北地区出现稻作农业生产的原因有二。一是在数百年间不断与周边其他考古学文化交流时,闽北先民对稻作农业种植有了一定的了解(牛鼻山文化时期尚未有稻作农业产生的证据,可能只是未付诸行动)。二是进入马岭类型时期,恰好是我国东南降温时期,降温事件导致的食物来源不足,生存压力可能是葫芦山先民开始稻作农业种植的重要原因。

八、粟作农业的南传

葫芦山遗址的农业生产,除了稻作农业生产,还包括粟作农业的生产。粟亦称谷子,去壳后称"小米",是典型的 C4 植物。一般认为,粟由广泛分布在我国的青狗尾草驯化而来,喜温暖,耐旱,能够广泛种植,对土壤要求不高。它也是公认起源于我国的农作物之一,目前一般种植在北方,是北方传统农作物之一。实际上,南方地区也是适合进行粟作农业种植活动的。时至今日,西藏、台湾等地区仍有小米种植活动[74]。

粟的研究,包括粟的起源问题和粟的传播问题。在我国,考古遗址中粟遗存的研究,首先需要是解决粟、黍植物遗存的区分问题。大植物遗存粟的鉴定主要是其与黍和狗尾草的区别。首先,是与黍的区别,在两者都未脱壳的情况下,体视显微镜下炭化粟壳带有波状网点纹,黍则是光滑的。在成熟条件下,粟米小于黍米,两者胚长进行对比,粟胚长大于 $1/2$,底部较圆,剖面为近半圆形;黍胚长小于 $1/2$,底部稍尖,剖面为椭圆形。其次,与狗尾草的区别,两者胚长均大于 $1/2$,且剖面均为半圆形,但狗尾草底部稍尖。

目前,运用微植物遗存鉴定粟、黍的方法,主要有植硅体和淀粉粒方法两种。其中植硅体方法的应用较早,河北磁山遗址在 20 世纪 70 年代发现大量的炭化小米,出土时已全部灰化,无法进行大植物遗存的鉴定工作,黄其熙[75]使用灰像法鉴定为粟。灰像法实际上就是早期的植硅体分析方法,但由于当时鉴定技术的局限,使这一结论未能得到广泛的认同。其后,吕厚远等[76]通过对现代粟黍标本、野生植物的标本等多个部位进行植硅体分析,明确了区分粟和黍的划分标准。同时在考古遗址灰化样品的分析上取得突破,并因此成功对磁山遗址此前出土的灰化小米进行鉴定,认为在距今8700—7500 年前,磁山地区开始出现少量的粟植硅体。

在淀粉粒研究方面,杨晓燕等[77]提取河北南庄头遗址和北京东胡林遗址的陶器、石器残留物和文化层内古代淀粉遗存的淀粉粒,发现在距今11000 年前已有具有驯化特征的粟类淀粉粒,并且在 11000—9500 年间野生的粟类淀粉粒比例一直下降,而具有驯化特征的粟类淀粉粒比例不断增加,似乎能够提供以淀粉粒鉴定粟的野生与驯化区别方法。

葫芦山遗址粟的来源问题主要与粟作农业传播问题相关。

粟作农业在我国的传播,主要是指南向的传播。分别有两条路线,一条是向西南地区传播,一条是向东南地区传播。目前,粟作农业向西南方向的传播已有一条较为模糊但相对连续的线路[78],在我国的四川、西藏、云南和广西等省份均有粟类遗存发现,分布地区基本相连,其中广西那坡感驮岩遗址发现的粟类遗存年代相对最晚,为距今约 3800—2800 年前。在我国,粟作农业西南向的传播停在广西地区[78],在广西以东广东、湖南省和以北的贵州省均未见有粟类遗存出土报道。

东南向的传播,由于此前粟遗存发现较少,除台湾地区外,其余省份粟类遗存的发现集中于黄淮以南的中部和偏南部内陆地区,而且并没有发现相对连贯的传播路线。加上台湾地区的小米,时至今日,仍在原住民生活中占有重要地位,因此在粟作农业东南向的传播路径中,主要的研究视野集中在台湾地区。

在台湾,小米(粟、黍)一直是原住民最重要的农作物,是他们主要的粮食。并且小米在各个族群的生活、祭祀、传说中也有重要地位。每年都会举行与小米相关的祭典,包括播种结束祭、收获祭和年后两天的出猎祭等。同时,原住民对小米的由来也有着许多传说[79]。

台湾地区的史前小米遗存在考古遗址中多有发现,基本分布在台湾岛的西部。迄今为止,台湾地区考古发现最早的粟遗存,出土于台南的南关里遗址和南关里东遗址[80],年代在距今 4800—4200 BP,属大坌坑文化晚期。从炭化小米的形态学分析,研究者认为是粟遗存。这两个遗址出土的粟,数量以十万计,并且发现于灰坑中。因此,这些小米应该是大坌坑先民种植而非交易所得,并且是在取得一定的种植技术条件下,才能贮存如此数量的粟。在台南地区,大坌坑文化之后是牛绸子文化,牛绸子遗址和右先方遗址也出土有一定数量的粟,可以看出粟作种植的延续性[81]。台南地区以北的台中地区,牛骂头遗址(距今 4500—3800BP)中也浮选出炭化粟粒[26]。从台湾地区粟类遗存的发现可以看出,台湾地区的粟作农业较为发达,并有一定的延续性。从目前的资料看,台湾地区的粟类遗存以台南地区年代最早,遗址密度最高,其次是台中地区牛骂头遗址。因此,笔者认为,台湾地区的粟可能是由南向北传播的。

这引出了一个问题,台湾地区的粟作农业源头在哪里?此前,我国粟类作物东南传播的路线其实就是粟类作物向台湾传播的路线。鉴于东南沿海地区并无粟类遗存发现,因此许多学者都认为粟类作物的东南传播,是从山东经东南沿海传入台湾的。其中,张崇根[82]认为南关里与南关里东遗址的粟作农业很可能直接来源于山东地区的大汶口文化先民。

在新石器时代中晚期,从山东至台湾地区这种远距离海洋迁徙,必须要依靠季风和洋流。在我国东南沿海,主要有几个洋流,一为大陆沿岸流,沿岸流是沿局部浅海海岸流动的海流,基本沿海岸流动,并与季风密切相关。在我国,从山东地区南下的洋流仅冬季的黄海沿岸流。发源于渤海地区,黄海沿岸流、东海沿岸流和闽浙沿岸流共同构成大陆沿岸流南下[83]。另一支是黑潮暖流,黑潮暖流是由高温、高盐的海水形成,终年自南向北流动,是东海范围内最强洋流,其中一支台湾暖流流经台湾西[84](图 8-3)。从洋流和季风角度分析,粟作农业东南方向的传播路线基本可以确定,山东大汶口文化先民冬季从渤海地区出发,顺大陆沿岸流到达台湾海峡地区或稍偏南,在冬季偏北季风影响下,加入台湾暖流流经区域,在台南地区登陆,并顺着台湾暖流的流向,向台湾西部以北地区继续传播。从洋流和季风角度而言,台湾粟作农业来源于大汶口文化的可能性是成立的,而且能够解释台湾地区粟作遗迹台南地区年代早,数量多的现象。

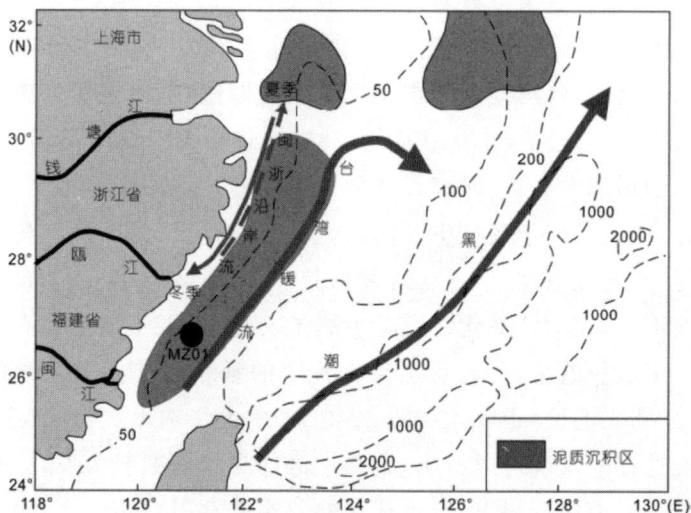

图 8-4　台湾海峡及其周边洋流流系图[85]

(承蒙刘升发先生惠允使用)

但是,南关里遗址、南关里东遗址的发掘者并不认同这个观点。因为从考古学文化因素分析来看,两个遗址出土的遗物,与广东珠江三角洲地区的新石器时代中晚期文化共性更大。因此,他们认为随着珠三角地区的植物考古工作开展,能够在珠三角地区找到台湾粟作农业来源[86]。

正如前文所述,葫芦山遗址的炭化粟粒来源有两个可能,一是粟作农业生产技术东南向的传播,传播到武夷山地区,被葫芦山先民掌握,并进行种植、收获和加工活动。二是偶尔与存在粟作农业的考古学文化先民交流,贸易或交换而来。笔者通过整合近年来的东南地区遗址的粟作遗存,发现存在一条粟作农业在我国东南内陆传播路线。因此,认为葫芦山遗址发现的粟粒,更可能来源于本地的种植活动。

此前,王星光、刘桂娥等[87,88]提出我国江淮地区存在"稻粟混作区"的概念,认为这一混作区的形成诞生了我国第一次南北文化交流和碰撞,并且广泛地促进了生产技术方面的交流。而近年来,多省开展的植物考古工作表明,粟作农业在我国东南方向的传播路线,除向台湾地区和稻粟混合区的传播,还存在更为多元的可能。鉴于粟作农业是由北向南传播的,因此本文仅对黄淮偏南地区及其以南各省的稻粟混作遗址进行统计(图8-5)。其中包括江苏、安徽、河南、湖北、湖南、江西、福建和台湾等众多省份。年代最早的是江苏邳县大墩子遗址,遗址下层发现用陶罐装载的炭化粟遗存,属于北辛文化范畴,年代为距今7300—6800BP[89]。接着,湖南澧县城头山遗址浮选发现炭化粟粒,其中粟的数量为21颗[90],此后湖南地区的考古遗址中再未有粟遗存发现。

1. 澧县城头山
2. 邳县大墩子
3. 蒙城尉迟寺
4. 淅川沟湾
5. 郧县青龙泉
6. 石家河古城三房湾、谭家岭
7. 孝感叶家庙
8. 广丰社山头
9. 武夷山葫芦山
10. 台南地区(南关里、南关里东右先方、牛绸子)
11. 牛骂头

图8-5　黄淮及其以南稻粟混种新石器时代遗址分布图

黄淮一带的河南淅川沟湾遗址和安徽蒙城尉迟寺遗址在众多遗址中有着鲜明的特点,两个遗址都长时间进行旱作农业与稻作农业混合种植。其中沟湾遗址年代从仰韶文化延续至石家河文化时期,在这期间,黍的种植一直是沟湾遗址先民重要的农业活动,水稻发现的比例低于旱作农业黍、粟的比例[91]。尉迟寺遗址从大汶口文化晚期遗址延续至龙山文化时期,在这期间,粟、稻的发现比例基本相差无几,显示二者在尉迟寺先民农业生产中的重要地位[9]。

湖北郧县青龙泉遗址在下层F7发现有装粟粒陶罐,发掘者判断为仰韶文化晚期地层[92],近来越来越多学者认为其具有地方特色,将之归入朱家台文化典型遗址,年代为 5000—4800 BP[93]。

以上五个遗址,除城头山遗址外,其余均为所谓"稻粟混作区"的典型遗址。不论是考古学文化归属,还是地理位置分布,都可以看出其粟作农业的种植受北辛文化、仰韶文化和大汶口文化的强烈影响。在这些遗址的农业生产中,以粟黍为代表的旱作农业生产占据重要地位。

湖北孝感叶家庙遗址[94]和石家河古城的三房湾、谭家岭遗址[21]均浮选出土了炭化粟粒,数量和出土概率都远低于同遗址出土水稻。浮选结果显示两地先民虽然可能进行了粟作农业种植,但是并不是农业生产的主要方式。其中,叶家庙年代为屈家岭文化晚期[95],绝对年代为 4800—4400 BP,三房湾和谭家岭遗址年代为屈家岭文化晚期及石家河文化早中期[96],年代为 4800—4200BP。

浙江地区由于稻作农业研究,境内新石器时代遗址进行了较为全面的植物考古工作,迄今为止尚未有发现粟遗存的报道。

江西地区,万智巍等[97]在赣东北广丰社山头遗址的淀粉粒分析中,从三件两期的陶器残留物中提取淀粉粒,结果在第二期陶器(距今 4500—4000年)的残留物中发现有粟类和稻类的淀粉粒,且粟类淀粉粒数量稍多。在第三期的陶器(距今 4000—3500 年)的残留物中同样发现了粟和稻的淀粉粒。遗址两个时期陶器残留物均发现有粟类淀粉粒,说明粟可能是社山头先民长期的主食来源之一,暗示社山头遗址先民可能进行较长时间的粟作生产。虽然在社山头先民的农业生产中,淀粉粒的数量多少并不能说明稻作农业与粟作农业生产的偏重,但能够说明社山头先民很可能同时进行稻作与粟作种植活动。但是相较于其余遗址的浮选成果,社山头遗址的粟存在还是一个可能。根据社山头遗址的发掘材料,其与石家河文化存在一定程度的交流,这种交流很可能是社山头粟作农业的来源。

此后,在赣江流域新干牛城遗址 2002—2006 年的考古发掘中,陈雪香等[98]针对多个房址进行了浮选工作,发现了数量较大的水稻、粟和两颗黍。从牛城的浮选结果来看,粟的绝对数量超过水稻,出土概率则低于水稻。这一结果改变了我们对该地区农业生产以稻作农业为绝对主导的看法。这次发现说明,粟类种植在牛城先民的农业生产中占据一定的比例,较之社山头时期粟作种植技术更高。牛城遗址的年代较之社山头遗址而言要晚许多,此次发掘的房址年代在商代中期至西周早期,陈雪香认为,牛城遗址发现的粟,很可能是受到来自中原的商文化影响产生的,而与新石器时代晚期的粟作农业南传关联不大。

从目前已有的材料来看,在新石器时代晚期,我国黄淮一带"稻粟混种区"遗址的粟作种植,与其以南地区遗址的粟作种植存在明显差异。"稻粟混种区"的遗址,粟作或黍作等旱作农业在先民农业生产中占重要作用。虽然没有证据显示其旱作种植替代了稻作农业种植活动,但是这些地区的粟作遗存,不论是绝对数量还是出土概率,都高于或等于稻作遗存。显示在旱作农业技术南下过程中,对黄淮一带原有稻作农业种植区形成强烈冲击。而其以南地区的各遗址,粟作遗存,不论是绝对数量或是出土概率都远低于而稻作遗存,与黄淮"稻粟混合区"的各遗址形成鲜明对比,显示稻作农业生产在其农业生产中占据更高地位,粟作种植仅为食物来源的一种补充。

社山头遗址和葫芦山遗址处在我国粟作农业内陆东南向传播的最南端,社山头遗址最可能是葫芦山遗址的粟作农业种植技术来源(图8-6)。

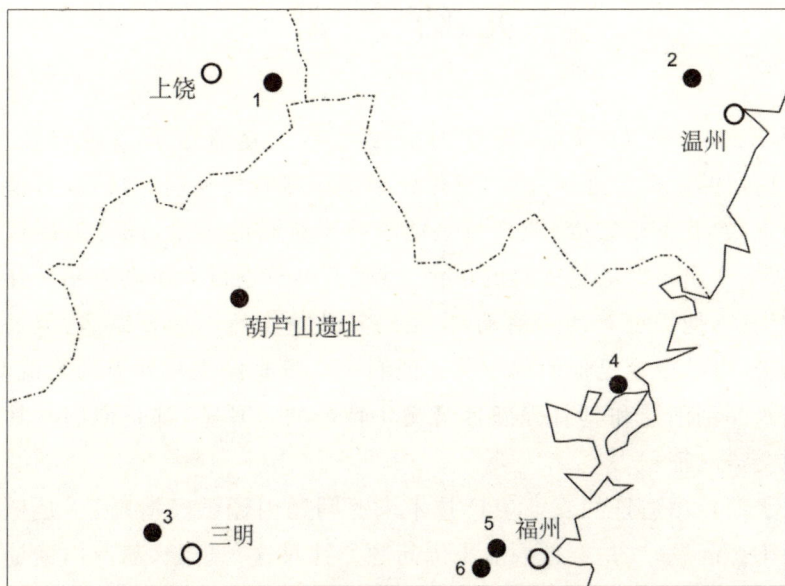

1.社山头　2.老鼠山　3.南山　4.黄瓜山　5.昙石山　6.庄边山

图8-6　葫芦山遗址及其周边相关考古学遗址位置示意图

首先,两个遗址位于我国东南内陆的武夷山脉两麓,地理位置接近;其次,东南沿海各地的遗址中均未见粟作农业遗存证据出土。因此认为它们并不是粟作农业从山东向台湾地区扩散时,二次扩散的产物,而很可能是经由内陆地区南向传播的。

根据以上稻粟混种遗址的年代及地理位置,可以看出一条大致的粟作农业传播路线。即从仰韶文化影响范畴下的青龙泉遗址沿汉水南下,至屈家岭文化影响范畴下的叶家庙遗址,并在此地扩大影响力,对屈家岭文化之后的石家河文化三房湾和谭家岭遗址持续施加影响。接着,再度沿汉水南下,进入鄱阳湖地区,再沿信江流域进入社山头二期、三期文化影响范畴。然后,沿信江及其支流跨过武夷山脉,进入南浦溪,进而影响与南浦溪相连的麻阳溪附近的葫芦山遗址。

这一路线,不仅传播的时间点相对连续,地理位置能够相互沟通,而且能够从传统考古学的文化因素分析中得到支持。因此,笔者认为,这是葫芦山遗址粟作遗存来源最可能的路线。

九、结　语

距今4000—3700年前,虽然中原已经是时处夏商之际,文明已经发生。但地处南蛮的武夷山地区先民,仍然处于新石器时代晚期.他们以狩猎采集生活为主,农业生产较少,或许只是偶尔补充狩猎的不足,或许生产技术较低,无法生产出足以满足饱腹的粮食,因而不得不进行大量的狩猎工作。除了食物生产,他们也有纺织活动,出土纺轮数量虽然不如石镞多,但是大都样式精美,可从中窥见他们的审美。他们一直没有停止与外界的交流,出土的精美水晶刮削器和具有强烈良渚文化特征的石耳坠,都是他们与其他地区文化交流的证据。

关于葫芦山遗址的农业生产技术来源问题内涵已经清晰,一是稻作农业技术来源问题,二是粟作农业来源问题。针对这一现象,葫芦山遗址的农业生产技术来源存在两种假设,一是两种不同的农业生产技术来源一致,二是两种农业生产技术来源不一致。

关于第一种假设,假如两种不同的农业生产技术来源一致,那么葫芦山遗址的农业生产技术来源必须是两种农业生产均存在的考古学文化。从上文的结论而言,即葫芦山遗址的农业生产技术主要来源于一山之隔的江西东北地区。

首先,二者在地理位置上接近;其次,两个遗址的稻作和粟作农业水平较为接近,不存在农业生产水平差异较大的现象。从考古学文化上,江西东北地区与福建闽北地区的考古学文化,自樊城堆文化与牛鼻山文化开始就联系密切,这一文化交流传统到马岭类型时期仍然延续不变,二者能够在考古学文化交流中进行广泛农业生产技术的交流活动。最后,两个遗址出土粟作遗存的文化层年代也较为接近,能够通过不间断的交流获得粟作农业技术或者通过贸易交流获得粟粒遗存。

假如两者农业生产技术来源不一,则我们需要将视角放到范围更加广泛的东南地区进行讨论。与马岭类型同时期的考古学文化包括黄瓜山文化、好川文化和社山头上层,三者均与马岭类型在考古学文化上有所交流。首先,黄瓜山遗址为典型的贝丘遗址,因此渔猎经济一直是黄瓜山先民经济形态的重要组成部分,而葫芦山遗址中层与渔猎相关的遗物仅网坠1个,可见葫芦山先民的渔猎经济并不发达,与黄瓜山的经济形态存在差异。其次根据黄瓜山遗址的植硅体研究,黄瓜山遗址发现的水稻哑铃型植硅体形态为籼亚型,而葫芦山遗址浮选的水稻不论是粒型还是穗轴形态分析,均为粳亚型,二者的水稻种植技术来源不一,葫芦山遗址的稻作农业可能并非源自沿海的黄瓜山文化。

好川文化老鼠山遗址、社山头遗址上层所体现的稻作农业生产水平与葫芦山遗址中层基本一致,经济面貌均为以狩猎采集为主,稻作农业仅作为辅助的主食来源,农业生产水平不高。因此,二者均可能是葫芦山遗址的稻作农业生产技术来源。

粟作农业来源前文已有较为详细叙述,这里不再赘述。综上所述,笔者认为,位于三省交界地带的葫芦山遗址,在保有土著文化因素的同时,广泛与周边各考古学文化交流学习,因而使得它在我国稻作农业和粟作农业南传过程中能够同时受益,掌握两种农业生产技术,其中稻作农业水平应稍高于粟作农业。虽然不能明确农业生产技术的准确来源,但是,我们可以看出,闽北地区新石器时代晚期的农业生产交流活动,与福建沿海的考古学文化关联不大,而更多的是与内陆山区的考古学文化的交流。

参考文献

[1]林惠祥,庄为玑,陈国强.一九五六年厦门大学考古实习队报告[J].厦门大学学报(哲学社会科学版),1956(6):112—138.

[2]福建博物院,福建省昙石山遗址博物馆.昙石山遗址[M].福州:海峡出版发行集团/海峡书局,2015.

[3]马婷.福建霞浦庄边山遗址环境考古研究[D].广州:中山大学,2012.

[4]陈兆善.福建史前考古十年收获(1996—2005),浙江省文物考古研究所学刊,浙江省文物考古研究所,北京:科学出版社,2006:275—283.

[5]裴安平,张文绪.史前稻作研究文集[C].北京:科学出版社,2009.

[6]南平政协学习文史委员会,南平市文化出版局.南平文史资料第9辑[M].南平:闽北日报印刷厂,2004.

[7]福建博物院,厦门大学历史系,武夷山市博物馆.付琳,黄运明,杨颢,等.福建武夷山市葫芦山遗址2014年发掘简报[J].东南文化,2016(2):19—36.

[8]中国社会科学院考古研究所.科技考古的方法与应用[M].北京:文物出版社,2012:90—127.

[9]赵志军.植物考古学:理论、方法和实践[M].北京:科学出版社,2010.

[10]山西省农业区划委员会.山西省经济植物志[M].北京:中国林业出版社,1990.

[11]刘长江,靳桂云,孔昭宸.植物考古 种子和果实研究[M].北京:科学出版社,2008.

[12]郑云飞,孙国平,陈旭高.7000年前考古遗址出土稻谷的小穗轴特征[J].科学通报,2007(5):1037—1041.

[13]傅稻镰,秦岭,胡雅琴.稻作农业起源研究中的植物考古学[J].南方文物,2009(3):38—45.

[14]安志敏.中国古代的石刀[J].考古学报,1955(2):21—57.

[15]昆明市博物馆 云南省文物考古研究所.晋宁石寨山[M].昆明:云南美术出版社,1998:151—152.

[16]罗二虎.中国古代系绳石刀研究[A],考古学集刊[C].北京:文物出版社,2004:311—391.

[17]罗二虎,李飞.论古代系绳石刀的功能——兼谈民族考古学方法[A],考古学研究(十)[C],北京大学考古文博学院 北京大学中国考古学研究中心,北京:科学出版社,2012:27—35.

[18]马志坤,李泉.青海民和喇家遗址石刀功能分析:来自石刀表层残留物的植物微体遗存证据[J].科学通报,2014(13):1242—1248.

[19]刘长江,孔昭宸.粟、黍籽粒的形态比较及其在考古鉴定中的意义[J].考古,2004(8):76—83.

[20]宋吉香,赵志军,傅稻镰.不成熟粟、黍的植物考古学意义[J].南方文物,2014(3):60—71.

[21]邓振华,刘辉,孟华平.湖北天门市石家河古城三房湾和谭家岭遗址出土植物遗存分析[J].考古,2013(1):91—99.

[22]陈雪香.海岱地区新石器时代晚期至青铜时代农业稳定性考察——植物考古学个

案分析[D]. 济南：山东大学,2007.

[23]薛晓明,谢春春.森林植物鉴定[M]. 北京：中国人民公安大学出版社,2013.

[24]章绍尧,丁炳扬.浙江植物志总论[M]. 杭州：浙江科学技术出版社,1993.

[25]游修龄.中国稻作史[M]. 北京：中国农业出版社,1995.

[26]陈文华.农业考古[M]. 北京：文物出版社,2002.

[27]刘志华,郑庭义.古栽培稻生物学研究若干方法问题的检讨[J]. 广西民族大学学报,2010(1)：13－23.

[28]郑云飞等.从楼家桥遗址的硅酸体看新石器时代水稻的系统演化[J]. 农业考古,2002(1)：104－114.

[29]北京大学中国考古学研究中心,浙江省文物考古研究所.田螺山遗址自然遗存综合研究[C].北京：文物出版社,2011.

[30]宇田津彻郎等.中国水田遗构探查[J]. 农业考古,1998(1)：138－155.

[31]郇秀佳等.浙江浦江上山遗址水稻扇形植硅体所反映的水稻驯化过程[J]. 第四纪研究,2014(1)：106－113.

[32]Z,Z.,P. D. M,and e. a. Benfer R A, Distinguishing rice (Oryza sativa poaceae) from wild Oryza species through phytolith analysis, II Finalized method[J]. *Economic Botany*,1998. 52(2)：134－145.

[33]顾海滨.普通野生稻和栽培稻双峰硅质体的统计分析[A]. 东方考古(第7集)[C],山东大学东方考古研究中心,北京：科学出版社,2010：333－340.

[34]王才林,宇田津彻朗,藤原宏志.栽培稻机动细胞硅酸体的形态特征及其在籼、粳亚种间的差异[J]. 江苏农业学报,1997(3)：129－138.

[35]郑云飞,藤原宏志,游修龄.太湖地区部分新石器时代遗址水稻硅酸体形状特征初探[J].中国水稻科学,1999(1)：25－30.

[36]杨晓燕,蒋乐平.淀粉粒分析揭示跨湖桥遗址人类的食物构成[J]. 科学通报,2010(7)：576－602.

[37]刘炳仑.孢粉分析与栽培植物和古代农业的起源[J]. 化石,1992(4)：4－9.

[38]汤陵华等.孢粉分析与栽培植物和古代农业起源[J]. 化石,1992(4)：4－9.

[39]汤陵华,佐藤洋一郎等.中国草鞋山遗址古代稻种类型[J]. 江苏农业学报,1999(4)：2－6.

[40]南京博物院.江苏吴县草鞋山遗址[A],苏州文物资料选编[C],苏州地区文化局,苏州市文物管理委员会,苏州：昆山新光印刷厂,1980：10－17.

[41]秦岭.中国农业起源的植物考古研究与展望[A],考古学研究(九)上[C],北京大学考古文博学院,北京大学中国考古学研究中心,北京：文物出版社,2012：260－315.

[42]吴梦洋,葛威,陈兆善.海洋性聚落先民的食物结构：昙石山遗址新石器时代晚期人骨的碳氮稳定同位素分析[J]. 人类学学报,2016,35(2)：246－256.

[43]焦天龙.福建沿海新石器时代经济形态的变迁及意义[J]. 福建文博(增刊),2009：

47—54.

[44]姚政权.植硅体分析在黄瓜山等遗址中的初步应用[D].合肥:中国科技大学,2003.

[45]孙国平.好川·良渚·花厅[A],浙江省文物考古研究所学刊(第八辑)[C],浙江省文物考古研究所,北京:科学出版社,2006:483—496.

[46]姚政权,吴妍.温州老鼠山遗址的植硅体分析[J].农业考古,2005(2):54—58.

[47]陈文华.中国农业考古图录[M].南昌:江西科学技术出版社,1994.

[48]万智巍,杨晓燕.淀粉粒分析揭示的赣江中游地区新石器晚期人类对植物的利用情况[J].中国科学(地球科学),2012(10):1582—1589.

[49]广东省文物考古研究所,广东省博物馆,广东省韶关市曲江区博物馆.石峡遗址——1973—1978年考古发掘报告(上、下)[M].北京:文物出版社,2014.

[50]杨式挺.谈谈石峡发现的栽培稻遗迹[J].文物,1978(7):23—29.

[51]苏秉琦.石峡文化初论[J].文物,1978(7):16—23.

[52]朱非素.石峡遗址发掘与分期[A],考古学研究(十)[C],北京大学考古文博学院 、北京大学中国考古学研究中心,北京:科学出版社,2012:595—602.

[53]朱非素.广东石峡文化出土的琮和钺[A],良渚文化研究——纪念良渚文化发现六十周年国际学术讨论会文集[C],浙江省文物考古研究所.北京:科学出版社,1999:273—281.

[54]朱乃诚.关于良渚文化研究的若干问题[A],四川大学考古专业创办三十五周年纪念文集[C],四川大学考古专业,成都:四川大学出版社,1998:39—60.

[55]李岩.对石峡文化的若干再认识[J].文物,2011(5):48—54.

[56]李志文等.全新世中国东部亚热带地区气候变迁的古生物学证据[J].热带地理,2015(2):179—185.

[57]王珏.闽江河口区晚更新世以来的自然环境变化[J].台湾海峡,1990(1):23—28.

[58]钟礼强.昙石山文化研究[M].长沙:岳麓书社,2005.

[59]姚檀栋.L.G.Thompson,敦德冰芯记录与过去5ka温度变化[J].中国科学(B辑),1992(10):1089—1093.

[60]王吉平,张淑霞等.从碱湖沉积和孢粉组合看内蒙古伊盟地区近5ka以来的古植被古气候变迁[J].化工矿产地质,1996(4):298.

[61]唐领余,沈才明,赵希涛等.江苏建湖庆丰剖面1万年来的植被与气候[J].中国科学(B辑),1993(6):637—643.

[62]许清海,阳小兰,杨振京等.孢粉分析定量重建燕山地区5000年来的其后变化[J].地理科学,2004(3):339—345.

[63]赵秀锋等.晚更新世以来昆仑山区黄土沉积及其气候记录[J].冰川冻土,1993(1):63—39.

[64]王建力,何潇,李清等.重庆新崖洞4.5ka以来气候变化的石笋微量元素记录及环

境意义[J]. 地理科学,2010(6)：910－915.

　　[65]黄镇国.中国、日本海滩岩之比较[J]. 热带地理,1992(2)：108－120.

　　[66]施雅风,孔昭宸,王苏民等.中国全新世大暖期的气候波动与重要事件[J]. 中国科学(B辑),1992(12)：1300－1308.

　　[67]彭亚君等.中国 4.0 ka BP 前后气候的空间分布特征及其对史前文明变迁的影响.地质论评,2013,59(2)：248－266.

　　[68]方修琦、孙宁.降温事件：4.3kaBP 岱海老虎山文化中断的可能原因[J]. 人文地理,1998(1)：71－76.

　　[69]吴文祥、刘东升等.4000aB.P. 前后降温事件与中华文明的诞生[J]. 第四纪研究,2001(5)：443－451.

　　[70]杨建明、郑晓云.福建沿岸 6000 年来的海平面波动[J]. 海洋地质与第四纪地质,1990(4)：67－74.

　　[71]乐远福等.中国东南福州盆地全新世以来植被变化及人类活动的影响[J]. 中国古生物学会孢粉分会第九届一次学术年会论文摘要集,2013：22－23.

　　[72]司马迁.史记[M]. 北京：中华书局,1982.

　　[73]恒宽.盐铁论[M]. 北京：中华书局,1991.

　　[74]王小青.中国粟作农业起源研究综述[J]. 黑龙江史志,2013(21)：30－32.

　　[75]黄其熙."灰像法"在考古学中的应用[J]. 考古,1982(4)：419.

　　[76]Lv,H.,et al.,*Earliest domestication of common millet（Panicum miliaceum）in East Asia extended to 10,000 years ago*[J]. Proceedings of the National Academy of Sciences 2009，106(18)：7367－7372.

　　[77]Yang,X.,et al.,*Early millet use in northern China*[J]. Proceedings of the National Academy of Sciences of the United States of America,2012. 109(10).

　　[78]陈洪波、韩恩瑞.试论粟向华南、西南及东南亚地区的传播[J]. 农业考古,2013(1)：13－18.

　　[79]袁辰霞.台湾高山族小米文化初探[J].莆田学院学报,2009(4)：24－31.

　　[80]臧振华.南科考古发现的稻米与小米兼论相关问题[J]. 中国饮食文化,2012(1)：3－24.

　　[81]臧振华,李匡悌,朱正宜.先民履迹：南科考古发现专辑[M]. 2006,台南县政府.

　　[82]张崇根.台湾的粟和陆稻文化及来源[A],东方考古(第 5 集)[C],山东大学东方考古研究中心,北京:科学出版社,2008:244－265.

　　[83]郁昆.中国的海洋气候[M]. 长春：吉林出版集团有限公司,2012.

　　[84]石学法.中国近海海洋：海洋底质[M]. 北京：海洋出版社,2014.

　　[85]刘升发. 全新世以来东海内陆架泥质区沉积作用及古环境演变[D].青岛:中国科学院研究生院（海洋研究所）,2009.

　　[86]臧振华.再思大坌坑文化圈与南岛语族的起源地问题[A],东亚考古学的再思——

张光直先生逝世十周年纪念论文集[C],陈光祖,台北:"中央研究院"历史语言研究所,2013:1—20.

[87]刘桂娥、向安强.史前"南稻北粟"交错地带及其成因简析[J].农业考古,2005(1):115—122.

[88]王星光,徐栩.新石器时代粟稻混作区初探[J].中国农史,2003(3):4—10.

[89]南京博物院.江苏文物考古工作三十年[A],文物考古工作三十年(1949—1979)[C],文物编辑委员会,北京:文物出版社,1979:201.

[90]那须浩郎,百原新,安田喜宪.试从大型植物遗存看城头山遗址的稻作环境——以杂草种子、果实为主[A],澧县城头山:中日澧阳平原环境考古与有关综合研究[C],何介钧、安田喜宪,北京:文物出版社,2007:90—97.

[91]王育茜,张萍,靳桂云.河南淅川沟湾遗址2007年度植物浮选结果与分析[J].四川文物,2011(2):80—92.

[92]中国社会科学院考古研究所.青龙泉与大寺[M].北京:科学出版社,1991.

[93]何强.汉水中游新石器文化编年序列及其与邻近地区的互动关系[D].长春:吉林大学,2015.

[94]吴传仁,刘辉,赵志军.从孝感叶家庙遗址浮选结果谈江汉平原史前农业[J].南方文物,2010(4):65—69.

[95]湖北省文物考古研究所,孝感市博物馆,孝南区博物馆.湖北孝感市叶家庙新石器时代城址发掘简报[J].考古,2012(8):3—28.

[96]湖北省文物考古研究所,北京大学考古文博学院.湖北天门市石家河古城三房湾遗址2011年发掘简报[J].考古,2012(8):29—41.

[97]万智巍,杨晓燕等.基于淀粉粒分析的江西广丰社山头遗址植物资源利用[J].地理科学进展,2012(5):639—645.

[98]陈雪香,周广明,宫玮.江西新干牛城2006—2008年度浮选植物遗存初步分析[J].江汉考古,2015(3):100—108.

田螺山遗址出土陶釜残留物包含的植物利用信息：稳定同位素分析

※ 杜　娟　葛　威

摘要：为了更好地了解田螺山先民的食物结构和陶釜的功能，笔者对该遗址出土陶釜内壁的炭化残留物进行了 C、N 同位素分析。数据显示，这些残留物以植物性成分为主，动物性成分为辅。植物性成分中又以 C_3 类植物为主，动物性成分主要是陆生食草类动物。本研究表明陶釜加工的食物种类多样，反映出当时田螺山先民从事着以管理水稻为主，渔猎、采集并重的经济模式。

一、C 和 N 稳定同位素分析方法概述

稳定同位素是指某元素中不发生或极不易发生放射性衰变的同位素。近年来，包括碳、氮、硫、锶等在内的众多元素的稳定同位素分析已经广泛应用于考古学，以探讨古人类食谱、人群的迁徙以及动物的家野属性等重要问题[1-4]。本文主要使用碳、氮两种稳定同位素分析方法。

（一）C 同位素分析方法

自然界的碳元素有三种同位素：^{12}C、^{13}C 和 ^{14}C（其中 ^{14}C 是放射性同位素，而 ^{13}C 和 ^{12}C 是稳定同位素），通常在大气中都以 CO_2 和 CO 的形式存在。植物通过光合作用吸收空气中的碳，转化为自己的生物组织，这个过程称为碳的同化。

植物的碳同化根据光合作用时合成原初产物的不同可分为以下三种：一种是卡尔文途径，通过这种途径获得的最初产物是一种三个碳原子的化合物，一般称为 C_3 化合物，所以这类植物也称为 C_3 植物。自然界绝大部分植物都是 C_3 植物，包括水稻、小麦、大豆这些农作物都是 C_3 植物。二是 C_4 途径。这种途径的最初产物是四个碳的化合物，所以这类植物被称为 C_4 植物。C_4 植物大多是一些起源于热带地区的植物，农作物中的玉米、粟黍以及高粱等都属于这类。C_3 植物的 $\delta^{13}C$ 值的范围为 $-30‰ \sim -23‰$，平均值为 $-26‰$，而 C_4 植物的 $\delta^{13}C$ 值的范围为 $-9‰ \sim -15‰$，平均值为 $-12.5‰$[5]。三是少数多汁植物所遵循的称为 CAM 的光合作用途径。这类植物 $\delta^{13}C$ 值的范围为 $-12‰ \sim -23‰$，平均值为 $-17‰$。CAM 途径的植物主要包括菠萝、甜菜等。所以，植物可以根据它们体内所包含的稳定同位素比率的不同进行分类，这是我们进行碳稳定同位素分析的基本原理。

（二）N 同位素分析方法

氮在地壳中的含量很少，绝大部分是以氮气（N_2）的形式存在于大气中。氮也是空气中最多的元素，在生物体内有很大作用，是组成氨基酸的基本元素之一。但是，N_2 不能被生物体直接吸收，只有极少数植物（主要是豆科植物，还有一些藻类和菌类）依靠与其共生于根部的根瘤菌，可以直接把大气中的 N_2 转化为 NH_3，然后将其吸收，其他植物则必须利用从 NH_3 转化而来的 NO_3 和 NH_4 盐维持其日常的生理功能[6]。动物体所需的 N 在消化低营养级动植物时发生富集，$\delta^{15}N$ 在不同生物间富集的程度不同。因此，$\delta^{15}N$ 在豆科植物、非豆科植物、食草类动物、食肉动物以及海生哺乳类动物中是有差别的。

与豆科植物相比，水中的蓝藻门植物既能自生固氮，又能与其他植物共生固氮。鱼类以这些藻类为食，含有稍高的 $\delta^{15}N$。海生动物以藻类为 N 来源，它们的 $\delta^{15}N$ 值高于同一营养级的陆生生物。所以，所有生物可以按照 N 同位素比率分为以下四种类型：豆科植物和食用这些植物的动物，$\delta^{15}N$ 值最低；除豆科外的其他陆生植物以及以这些植物为主食的动物，具有稍高一点的 $\delta^{15}N$；水生例如鱼类 $\delta^{15}N$ 的值较高一些；海生动物具有最高的 $\delta^{15}N$ 值。一般来说，陆相食草动物的 $\delta^{15}N$ 值约为 $6‰$ 左右，陆相食肉动物的 $\delta^{15}N$ 值约为 $9‰$ 左右，海洋哺乳动物的 $\delta^{15}N$ 值为 $15‰$ 左右。每一营养级之间 $\delta^{15}N$ 的差别约为 $3‰$[7-9]。

相较于植物来说，动物的蛋白质含量更高。所以，植物性食物对残留物中 N 的贡献较小，即使动物性食物在残留物中所占比例很小，它对 N 的贡献仍然很大。所以，氮同位素的测定主要反映的是残留物中肉类的来源。

二、陶器残留物 C、N 同位素分析的研究现状

目前，稳定同位素分析的研究对象大多集中在人类和动物的骨骼上。由于动物组织中的同位素与其食物中的同位素具有一一对应的关系，动物组织的同位素组成能够直接反映其食物的来源[10]。学者们利用这一原理分析我国古人的食物结构，经济模式和家畜饲养状况等问题。但是，对陶器内残留物的稳定同位素测定的报告并不多见，国内仅见郑会平等学者[11]对河南淅川龙山时代陶鼎炭化残留物进行分析。

先民在以动植物为原料准备食物的过程中，会以各种方式改变原料的物理形态。其中，烹煮加热的方式会使食材因局部受热过高而发生炭化，形成锅巴样的炭化残留物。有机质很可能残存或是沉积在用于加工的陶器上，经过长期的埋藏并保存下来。这些炭化残留物包含着大量人类饮食的信息。利用同位素分析的方法，不仅可以知道陶器内包含的动植物性食物来源；同时，也能够为陶器功能的研究提供实证。[12]

三、材料与方法

田螺山遗址位于浙江省余姚市，西南距河姆渡遗址 7 公里，属于典型的的河姆渡文化遗址。田螺山遗址出土了大量保存状况较为完好的有机质遗存，吸引了大批学者对其进行分析，试图复原或重建田螺山遗址人类的生业经济活动模式。陶釜是河姆渡文化最常见的器物，在田螺山遗址出土了数量可观的陶釜。许多的陶釜或残片的内壁黏附有锅巴样的残留物。本文对采自田螺山遗址陶釜内炭化残留物进行 C、N 同位素分析，试图分析田螺山陶釜内残留物的性质和来源，进一步了解该遗址先民饮食的结构组成，并在此基础上探讨陶器功能等相关问题。

（一）陶釜残留物的取样

取样工作于 2013 年 6 月在田螺山遗址库房进行，一共选取 14 块陶釜残片。这些残片内壁均附着厚厚的一层黑色炭化残留物，这些炭化残留物应当是史前田螺山先民使用陶釜烹煮食物黏贴在内壁的食物残渣，或者是锅巴（图 9-1）。这 14 块陶片分别取自田螺山遗址的③～⑧层，年代在距今 7000—5500 年左右。

图 9-1　提取田螺山炭化残留物的陶釜残片
（箭头所指处为取样点）

（二）样品的制备

田螺山遗址陶釜上所附着的炭化残留物较厚，因此，我们使用手术刀片直接从陶片内壁将黑色的炭化物剥离，装入干净的自封袋带回以便测试。为防止污染，每提取一次炭化物，即更换一个新的手术刀片。

（三）样品测试

测试工作在国家海洋局第三研究所质谱实验室进行。测试时称取 0.8mg 左右样品，在研钵内研成粉末，通过与元素分析仪联用的 Delta V Advantage 型同位素比值质谱仪（IRMS），测试陶釜残留物的 C、N 含量及稳定同位素比值。C 同位素比值以 $\delta^{13}C$（V－PDB）表示，N 同位素比值以 $\delta^{15}N$（AIR）表示，其分析精度均为±0.2‰。所有样品测试数据见表1。

表 9-1　田螺山陶釜炭化物样品概况及测试结果

样品号	出土地点	C(%)	N(%)	$\delta^{13}C$(‰)	$\delta^{15}N$(‰)	C/N（摩尔比）
13TLSC01	TLST306③	13.01	0.82	−26.13	4.63	18.48
13TLSC02	TLST103③	43.38	3.91	−25.64	4.72	12.93
13TLSC03	TLST306④	47.91	4.38	−26.78	8	12.76
13TLSC04	TLST303④	47.85	7	−25.43	7.93	7.97
13TLSC05	TLST103⑤	42.61	4.28	−26.06	6.08	11.6
13TLSC06	TLST301⑤	43.59	3.78	−25.9	8.11	13.46
13TLSC07	TLST103⑤	34.35	3.44	−26.11	5.01	11.65
13TLSC08	TLST103⑥	45.42	4.82	−24.74	9.05	10.99
13TLSC09	TLST205⑥	41.16	4.62	−25.1	6.87	10.4
13TLSC10	TLST303⑥	47.36	3.5	−26.64	6.66	15.78
13TLSC11	TLST301⑦	41.73	2.94	−26.32	5.79	16.56
13TLSC12	TLST204⑦	21.46	2.25	−24.52	6.5	11.15
13TLSC13	TLST203⑧	41.82	4.21	−25.05	8.35	11.6
13TLSC14	TLST103⑧	40.93	3.91	−26.79	2.35	12.21
平均值	—	39.47	3.85	−25.8	6.43	12.68
标准差	—	10.18	1.38	0.74	1.83	2.71
变异系数	—	0.25	0.36	0.03	0.29	0.21

四、结果和讨论

所有样品的 C、N 元素含量和同位素测试分析结果见表 9-1。图 9-2 为陶釜残留物 $\delta^{13}C$ 和 $\delta^{15}N$ 值的散点图。由表1可以看出，田螺山遗址陶釜残留物的 C 含量在 13.01%～47.91% 之间，N 含量在 0.82%～7.00% 之间。从变异系数来看，$\delta^{13}C$ 的系数较小，数据比较集中，位于 −26.792‰～−24.516‰ 之间，均值为 −25.80‰；$\delta^{15}N$ 的变异系数较大，数据分布较为离散，位于 2.346‰～9.054‰ 之间，均值为 6.43‰。

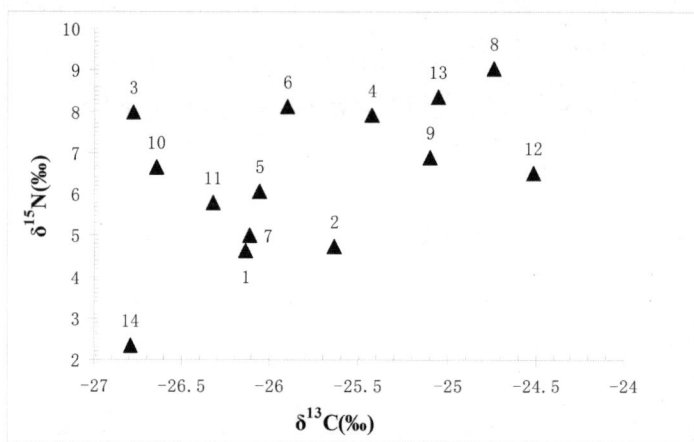

图 9-2　田螺山陶釜炭化物的 ^{13}C 值和 ^{15}N 值散点图

（一）碳同位素的组成及其所反映的先民食物构成

田螺山遗址陶釜残留物的 $\delta^{13}C$ 值从早到晚都比较集中，并且相对较高。从碳同位素的特征范围上看，C_3 植物（如水稻、小麦等）的 $\delta^{13}C$ 值在 $-22‰\sim-33‰$ 之间，平均值在 $-28.3\pm2.0‰$，而 C_4 植物（如玉米、粟、黍等）的 $\delta^{13}C$ 值在 $13.8\pm1.4‰$ 左右[12]。由表 9-1 和图 9-2 可知，田螺山陶釜内残留物样品全部处于 C_3 植物的范围内。说明在田螺山陶釜内的残留物应当是来源于稻、或是麦类的 C_3 植物，几乎不曾食用 C_4 类植物资源。南川雅男[13]的研究表明田螺山人骨中 $\delta^{13}C$ 的值自⑦层到④层都比较稳定，C 同位素均值为 $-20.63‰$（表 9-2）。考虑到 C 从食物到人骨胶原过程中存在着大约 5‰ 的富集[14]，因此，骨胶原中的 C 同位素值与陶釜残留物的同位素值较为一致。这两项数据显示田螺山先民的植物性食物结构中，C_3 类植物为主食，陶釜是其主要的烹煮工具。另外，结合田螺山遗址发掘出的水稻田遗址、大量的炭化稻米，有理由相信这种 C_3 类植物很有可能就是水稻，并且水稻是田螺山先民们主要的植物性食物来源。

田螺山遗址陶釜残留物的同位素测定结果与郑会平等学者[11]对龙山陶鼎炭化残留物所测得的结果差异明显，数据见表 9-3。由表 9-3 可知，龙山时代陶鼎炭化残留物的 $\delta^{13}C$ 值处于 $-24.23‰\sim-12.83‰$ 之间，研究者认为陶鼎中既包含了 C_3 类植物又有 C_4 类植物，先民不仅食用 C_3 类植物如水稻，C_4 类植物如粟、黍和高粱等在他们的饮食中占有一定地位。两者的不同大致反映了南北两地史前人类对植物的利用差异，黄河流域龙山时期的先民杂食 C_3、C_4 类植物，可能是一种稻、粟混作农业。[11] 本次试验发现田螺山所属的长江下游地区先民则以 C_3 类植物如水稻为主要的植物性食物来源。由于田螺山遗址出土数量庞大的炭化稻米[15]，反映出先民对水稻的食用量之大，所以这种 C_3 类植物很可能是以水稻为主，为了解该遗址先民的生业模式提供了一个新的视角。

表 9-2　田螺山遗址人骨概况及测试结果[13]

单位	层位	C%	N%	δ^{13}C(‰)	δ^{15}N（‰）	C/N(摩尔比)
M1	⑤	37.20	13.70	−20.40	9.80	3.20
M6	⑤	40.10	14.70	−20.30	8.00	3.20
T204	④	37.80	13.80	−20.90	8.30	3.20
T303	④	38.30	14.30	−20.90	8.30	3.10
T205	⑤	36.20	13.60	−20.40	8.30	3.10
T302	⑤	33.90	13.00	−20.60	8.10	3.00
T303	⑤	10.40	3.30	−21.90	10.40	3.60
T103	⑥	34.50	12.60	−20.20	8.00	3.20
T202	⑥	31.80	11.80	−20.40	8.00	3.10
T301	⑦	36.10	13.40	−20.30	10.00	3.10

表 9-3　河南龙山时代陶鼎炭化残留物同位素测试结果[11]

样品号	考古学文化	C%	N%	δ^{13}C(‰)	δ^{15}N（‰）
smp1	龙山	42.10	4.00	−12.83	5.18
lg2	龙山	41.53	1.83	−14.68	12.98
lg3	龙山	7.35	0.39	−20.52	13.27
lg4	龙山	6.12	0.25	−20.47	10.89
lg5	龙山	8.91	0.35	−21.50	5.82
lg6	龙山	5.66	0.21	−22.58	2.03
lg7	龙山	4.51	0.19	−17.84	4.35
lsg8	石家河	7.61	0.47	−23.40	4.09
lsg9	石家河	22.56	0.85	−21.76	4.56

续表

样品号	考古学文化	C%	N%	δ^{13}C(‰)	δ^{15}N（‰）
lsg10	龙山	3.74	0.09	−24.23	−0.77
sty11	龙山	2.94	0.09	−19.20	3.52
sty12	龙山	9.55	0.30	−19.30	2.70
xwg13	龙山	18.21	1.30	−20.12	6.74

（二）氮同位素的组成及其所反映的先民食物构成

为了解几种不同有机物的 C、N 含量，笔者利用德国 Elementar 公司生产的 VarioⅢ型元素分析仪测试了几种有机物（大米、炭化大米、薏米、猪肉）的 C、N 元素组成（表9-4）。由表1可知，田螺山遗址陶釜残留物中 N 的含量处于 0.82%～7.00% 之间，大部分都高于大米（0.96%）和炭化大米（1.28%），而低于薏米（5.00%），猪肉（11.58%）的含 N 量。由此推测，陶釜残留物中的氮，应当主要来自其他含氮量较高的动植物的贡献；残留物是由多种动植物混合而成，并非单纯的稻米。

表9-4　大米、炭化大米、薏米、猪肉 C 和 N 元素组成

样品	大米	炭化大米	大米锅巴	薏米	猪肉
C%	38.41	49.19	39.40	42.37	43.81
N%	0.96	1.28	1.22	5.00	11.58

田螺山陶釜残留物 δ^{13}C 和 δ^{15}N 之间的相关系数为 R=0.48，呈弱的正相关，但不显著，这表明残留物成分主要以植物为主，动物类为辅；胡耀武等学者曾经报道贾湖人骨中 δ^{13}C 和 δ^{15}N 的相关系数 R=0.063[6]，本文的数据高于贾湖，表明动物类食物在田螺山残留物中所占的比例大于贾湖人所食用的比例。这就需要根据 δ^{15}N 的值来判断其可能的来源。

陶釜残留物 δ^{15}N 的值则分布较为离散。样品 13TLSC14 的含 N 量为 3.91%，δ^{15}N 的值低至 2.35‰。根据数据显示，它应该是由 δ^{15}N 值低、含 N 量较高的植物构成。根据目前已有的数据来看，豆科植物比较符合这种规律，会出现这种 δ^{15}N 值低（平均值为 1.5±1.9‰[12]），含 N 量较高（大豆为 5.39%～6.59%[16]）的情况。另外，河姆渡遗址中也曾出土了豆科植物的种

子。因此,作者推断这件陶釜残留物很可能在短期内加工了某种豆科植物。这也为田螺山遗址先民采集并食用豆科植物提供了佐证。

食肉类动物和淡水鱼的 $\delta^{15}N$ 值通常高于 9‰[6],这次分析中只有一个样品 13TLSC08 的值高于该值(为 9.05‰)。数据显示田螺山先民虽然有食肉类动物或是淡水鱼类资源,但是陶釜中残留物包含的这种食肉类动物和鱼类的成分不高。中岛经夫等研究了田螺山遗址 K3 鱼骨坑发现坑内大部分为鲫鱼,还有少量鲤鱼,认为当时的田螺山人捕获淡水鱼食用[17]。结合南川雅男测定田螺山遗址人骨 $\delta^{15}N$ 值:8.00‰~10.40‰,考虑到 N 从食物到人骨胶原过程中存在着大约 3‰~4‰ 的富集[18],这项数据与本次实验的数据相差不多。说明这件陶釜可能加工过鱼类或是某种食肉类动物的肉。总体上看,陶釜内所含的大型食肉类动物或是鱼类的成分不高,陶釜并不是主要用于加工这类食物的工具,亦或是当时人们对于大型食肉类动物的依赖性不高。

对于 $\delta^{15}N$ 值居中的 8 个炭化残留物样品的来源,判定相对复杂。由于陶器中的残留物属于混合物,$\delta^{15}N$ 值居中的残留物可能会是高氮和低氮同位素生物的混合。因此,这些残留物的来源应当包含了非豆类植物性食物和动物的混合,食草动物以及杂食性动物。

田螺山遗址出土了大量的动物骨骼,张颖等[19]对该遗址所出哺乳动物遗存进行统计和鉴定。遗址内动物的种类在不同时期比较类似,绝大多数为野生动物,其中尤以偶蹄目食草动物为主,包括梅花鹿、黄麂和水鹿等几种鹿,以及少量的野生水牛。根据残留物的同位素分析结果和遗址内出土的动物骨骼,笔者推测陶釜被用于加工过一些食草动物以及植物性食物,例如:梅花鹿、黄麂、水鹿以及水牛等动物和水稻等植物。

此外,张颖等人[19]对遗址内所出哺乳动物遗存的统计结果表明,遗址中存在着一定数量的野猪、猪、狗等杂食性动物。可以推定这几件陶釜的使用者在短期内还加工过猪、狗等多种肉类食物资源。

由 N 同位素分析可知,田螺山先民的食物多种多样,包括豆科植物,食草类和杂食类动物。陶釜的功能多样,既可用于加工植物性食物,还被用于加工豆科,食草类和杂食性动物。

五、结　论

　　田螺山遗址陶釜炭化残留物的 C、N 同位素分析表明，田螺山遗址先民食物来源多样。陶釜残留物中始终包含着稳定的 C_3 类食物，不含 C_4 类植物资源，同时还有豆科植物及食草性动物和杂食性动物资源，揭示出当时田螺山先民的饮食资源十分丰富。陶釜被用于烹煮多种食物，反映出陶釜烹煮食物的类型多样。此外，与黄河流域龙山时代的先民不同[11]，田螺山所属的长江下游地区的先民在陶釜中只烹饪过 C_3 类植物，某种程度上是长江流域以水稻为主食的缩影，为田螺山遗址先民从事着以管理水稻为主，并兼营渔猎、采集的经济模式提供了佐证。

参考文献

　　[1]Hu，Y.，et al.，Stable isotope dietary analysis of the Tianyuan 1 early modern human[J]. Proceedings of the National Academy of Sciences，2009，106(27)：10971—10974.

　　[2]潘建才，等.河南安阳固岸墓地人牙的 C、N 稳定同位素分析[J].江汉考古，2009(4)：114—120.

　　[3]屈亚婷，等.新疆古墓沟墓地人发角蛋白的提取与碳，氮稳定同位素分析[J].GEOCHIMICA，2013，42(5)：448—454.

　　[4]胡耀武，等.利用 C、N 稳定同位素分析法鉴别家猪与野猪的初步尝试[J].中国科学：D 辑，2008，38(6)：693—700.

　　[5]J，V. d. M. N.，Carbon isotopes，photosynthesis，and archaeology：different pathways of photosynthesis cause characteristic changes in carbon isotope ratios that make possible the study of prehistoric human diets[J]. American Scientist，1982，70(6)：596—606.

　　[6]胡耀武.古代人类食谱及其相关研究[D]. 合肥：中国科学技术大学，2002：17.

　　[7]Hedges，R. E. and L. M. Reynard，Nitrogen isotopes and the trophic level of humans in archaeology[J]. Journal of Archaeological Science，2007，34(8)：1240—1251.

　　[8]张雪莲.应用古人骨的元素，同位素分析研究其食物结构[J]. 人类学学报，2003，22(1)：75—84.

　　[9]Barrett，J. H. and M. P. Richards，Identity，gender，religion and economy：new isotope and radiocarbon evidence for marine resource intensification in early historic Orkney，Scotland，UK[J]. European Journal of Archaeology，2004，7(3)：249—271.

　　[10]Kohn，M. J.，You are what you eat[M]. Science，283(5400)，1999：335—336.

[11]郑会平,杨益民等.河南淅川龙山时代陶鼎炭化残留物的碳、氮同位素分析[J].第四纪研究,2012,32(2):236－240.

[12]June D. Morton,H. P. S.,Palaeodietary implications from stable isotopic analysis of residues on prehistoric Ontario ceramics[J]. Journal of Archaeological Science,2004,31：503－517.

[13]南川雅男,松井张等.由田螺山遗址出土的人类与动物骨骼胶质碳氮同位素组成推测河姆渡文化的食物资源与家畜利用[C],in 田螺山遗址自然遗存综合研究,浙江省文物考古研究所,北京:文物出版社,2011:262－269.

[14]MJ Deniro,S. E.,Influence of diet on the distribution of carbon isotopes in animals[J]. Geochimica Et Cosmochimica Acta,1978,42(5)：495－506.

[15]浙江省文物考古研究所.田螺山遗址第一阶段(2004—2008 年)考古工作概述[C],田螺山遗址自然遗存综合研究.北京:文物出版社,2011,7－39.

[16]葛威,李健和,王会波.大河村遗址炭化种子的碳、氮元素分析[J].第四纪研究,2012,32(2):243.

[17]中岛经夫,中岛美智代等.田螺山遗址 K3 鱼骨坑内的鲤科鱼类咽齿[C]. in 田螺山遗址自然遗存综合研究,浙江省文物考古研究所,北京:文物出版社,2001:206－236.

[18]胡耀武,杨学明,王昌燧.古代人类食谱研究现状,科技考古论丛,王昌燧,合肥:中国科学技术大学出版社,2000:51－58.

[19]张颖,袁靖等.田螺山遗址 2004 年出土哺乳动物遗存的初步分析[C].田螺山遗址自然综合遗存研究,浙江省文物考古研究所,北京:文物出版社,2011:172－205.

第十章

田螺山遗址出土石磨盘反映的
植物利用信息：淀粉粒证据

✳ 杜 娟 葛 威

摘要：为了更加全面地了解史前人类植物性食物结构和石磨盘的功能，笔者应用淀粉粒分析方法，对浙江田螺山遗址出土的 16 件石磨盘表面附着残留物进行了研究。结果表明，石磨盘上残留有大量壳斗科青冈属、稻属、豆科植物、小麦族植物以及薯蓣的淀粉粒，反映出距今 7000 年前后该地区先民植物利用的多样性特征。淀粉粒种属来源的多样性也揭示了石磨盘可能用于加工多种植物。田螺山遗址石磨盘的主要加工对象是坚果类植物，偶尔用于加工其他植物的果实块根，而与稻作农业的关系不大。

河姆渡文化是长江下游地区一种重要的新石器时代文化。由于该地区特殊的地理埋藏环境，大量干栏式木构建筑、聚落形态和植物遗存得到了良好的保存，因此其史前人类生存环境、经济形态以及人类食物构成的研究引起了国内外学者的广泛关注。浙江余姚田螺山遗址就属于典型的河姆渡文化遗址。

田螺山遗址位于浙江省余姚市三七市镇相岙村。西距余姚市 24 公里，西南距河姆渡遗址 7 公里；位于东经 121°22′46″，北纬 30°01′27″（图 10-1），地处宁绍地区东部姚江流域，四明山支脉——翠屏山南麓，几乎四面环山（海拔 300 米以下的丘陵）。

田螺山遗址地层堆积年代距今约 7000—5500 年，文化层可分为 8 层，其中第③～⑧层相当于河姆渡遗址的第②～④层。[1]遗址大部分堆积埋藏在潜水面以下，保存着异常丰富的木屑、木炭颗粒、树枝树叶、菱角、橡子、核桃、柿核、芡实、薏米、葫芦、酸枣、炭化米粒、动物碎骨等有机质遗存。该遗

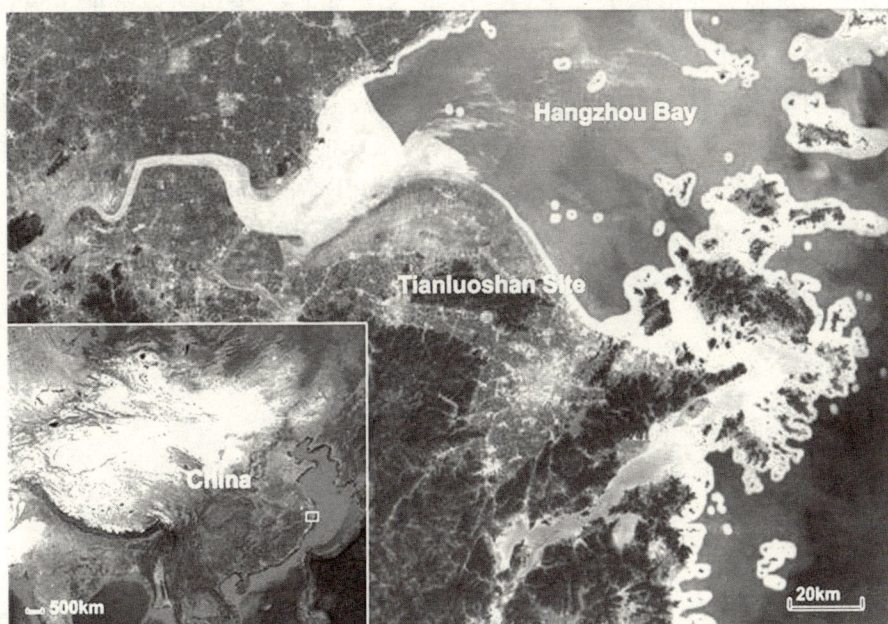

图 10-1　田螺山遗址地理位置图

址的发掘,让后人清晰地窥见了远古江南地区优厚的自然环境和先民们多彩的社会经济生活。

一、田螺山遗址植物遗存的研究现状

田螺山大量有机质的保存,吸引了大批学者对其相关部分进行研究,以试图复原或重建田螺山遗址人类的生业经济活动模式。

傅稻镰、秦岭等学者对田螺山遗址浮选出的植物残体进行鉴定和分析后认为,橡子、菱角、芡实、水稻这四类可以说是田螺山遗址植物性食物的主要基本组合,水稻的重要性持续增强。[2]田螺山先民过着既采集又栽培的生活。日本学者宇田津彻朗等通过对遗址探方土样中植硅体的分析认为,稻作是田螺山遗址主要的农耕方式,由于海侵,这种农耕中途有过两次中断。[3]金原正明等从遗址的探方取土壤样品进行硅藻、花粉和寄生虫卵分析,试图复原当时的环境和植被。[4]

不同的有机质残留物会包含不一样的信息,并且不同的有机质在同种埋藏环境下保存状况会有所不同。因此,为了更加全面地了解田螺山遗址有机质遗存的状况,复原田螺山遗址史前人类的社会经济生活,需要借助多种方法对出土遗存进行分析。目前,学者还没有涉及该遗址石器上残留物的分析,也未提及石质工具的功能。所以,本文通过对该遗址出土的石磨盘开展淀粉粒分析,结合石磨盘功能分析,试图探索如下三个方面的问题:(1)田螺山先民对周边动植物的利用情况;(2)当时人类的植物性食物结构;(3)石磨盘的功能。

二、材料与方法

(一)取样

取样工作于 2013 年 6 月在田螺山遗址发掘现场进行,一共选取 16 件石磨盘作为样品。这些磨盘尚未进行统一编号。为了记录方便,根据取样顺序,依次编号为 13TLSMP01—13TLSMP16。其中③层出土的石磨盘 2 件,④层出土的磨盘 3 件,⑤层出土的磨盘 7 件,⑥层出土的磨盘 3 件,⑦层出土的磨盘 1 件(图 10-2)。

本次残留物的收集流程为:(1)观察石磨盘表面特征,选择磨盘表面有凹坑或是肉眼可见有残留物的位置;(2)使用微量移液器,在选定的位置滴入 3~5ml 的纯净水;(3)用干净的软毛牙刷轻刷磨盘表面,以帮助洗脱残留在石缝中的残留物;(4)取一个干净的 4ml 离心管,写好标签,用移液器吸取残留在石磨盘表面的溶液,装入该离心管;(5)为了尽可能多地获取淀粉残留物,将软毛牙刷放入干净的自封袋,贴好标签,一并带回实验室进行残留物分析。部分磨盘正反面均有使用痕迹,则对两个面都进行取样。共获得 21 个残留物样本。实验室编号为 13TLS01—13TLS21。

(二)淀粉粒的提取

我们先对 21 支取样软毛牙刷进行了如下处理:
(1)将软毛牙刷头放入样品瓶,并加入纯净水,水量应没过牙刷头。
(2)将装有牙刷头的样品瓶放入超声波清洗仪震动清洗 10 分钟。
(3)使用微量移液器将震荡后的溶液移入一个新的 4ml 离心管并做好

(1：13TLSMP01；2：13TLSMP02；3：13TLSMP03；4：13TLSMP04；5、6：分别为
13TLSMP05 正、反面；7：13TLSMP06；8：13TLSMP07；9、10：分别为 13TLSMP08 正
反两面；11：13TLSMP09；12：13TLSMP10；13：13TLSMP11；14：13TLSMP12；15：
13TLSMP13；16：13TLSMP14；17、18：分别为 13TLSMP15 正、反面；19：13TLSMP16）

图 10-2　文本所取样的田螺山遗址石磨盘

标签。

　　淀粉粒的提取工作在厦门大学考古人类学实验室进行，具体流程为：

（1）向存放样品的离心管加纯净水至 4ml,以 5000 转/分的速度离心 5 分钟,用微量移液器吸掉上部清液;

（2）加密度为 2.0g/ml 的重液至 2ml,放入振荡器震荡 1 分钟,使重液与样品混合均匀;

（3）将混合均匀的样品放入离心机,以 1000 转/分的速度离心 5 分钟,取样品上部清液 0.1ml,移入新的 1.5ml 离心管,做好标签;

（4）向上述离心管中加入纯净水至 1ml,放入振荡器震荡 1 分钟,使样品与纯净水混合均匀;

（5）将 1.5ml 的离心管放入离心机,以 5000 转/分的速度离心 5 分钟,吸去上部清液,保留约 50μl 沉淀;

（6）重复 4—5 的步骤 3 次,以使样品中的重液清洗干净。然后制片。使用 Zeiss Scope.A1 型显微镜对样品玻片进行镜检、观察和记录。

本次实验所选取的石磨盘样品可以排除受污染的可能性。因为石磨盘出土后,经过清洗一直存放在田螺山遗址现场馆,未做其他用处。13TLSMP01、13TLSMP02、13TLSMP03 三件石磨盘刚经发掘清理出来,本身不会受到现代污染。收集样品时所采取的实验器具均为一次性的,因此,淀粉粒收集过程可以排除污染。此外,为了防止在淀粉粒提取过程中存在污染,我们将现代和古代样品试验台隔离开,确保田螺山淀粉粒分析的结果不受现代淀粉粒的干扰。

三、结果与分析

（一）田螺山遗址淀粉粒的鉴定

通过镜检,16 件石磨盘中有 11 件发现了淀粉粒,共计 190 粒（表 10-1）。其中使用移液器采集的样品共计提取淀粉粒 89 颗,其余 101 粒均经由清洗软毛牙刷所得。由此可见,使用刷子一类的工具提取样品时,应当将刷子一并带入实验室清洗,并提取样品,尽可能减少淀粉粒提取过程中不必要的损失。

表 10-1　田螺山石磨盘样品所发现淀粉粒统计表

磨盘编号	取样编号	出土地点	淀粉粒数量(颗)
13TLSMP01	13TLS01	TLST304 北隔梁⑤层下开口大柱坑	0
	13TLS02	TLST304 北隔梁⑤层下开口大柱坑	1
13TLSMP02	13TLS03	TLST304 北隔梁⑤层下开口大柱坑	0
13TLSMP03	13TLS04	TLST304 北隔梁⑤层下开口大柱坑	2
13TLSMP04	13TLS05	TLST206④层	0
	13TLS06	TLST206④层	1
13TLSMP05	13TLS07	TLST207⑦层	12
	13TLS08	TLST207⑦层	1
13TLSMP06	13TLS09	TLST204⑤层	130
13TLSMP07	13TLS10	TLST006⑥层	2
13TLSMP08	13TLS11	TLST207④层下	6
	13TLS12	TLST207④层下	4
13TLSMP09	13TLS13	TLST106⑥层	0
13TLSMP10	13TLS14	TLST105③层	0
13TLSMP11	13TLS15	TLST106③层	21
13TLSMP12	13TLS16	TLST305⑤层	6
13TLSMP13	13TLS17	TLST105③层	2
13TLSMP14	13TLS18	TLST105⑥层	0
13TLSMP15	13TLS19	TLST206④层	0
	13TLS20	TLST206④层	0
13TLSMP16	13TLS21	TLST302⑤层	2
合　计			190

　　经过与现代标本比较,我们对其中的 170 颗淀粉粒进行了鉴定,分为 8 个类型。另有 20 颗因表面模糊或消光十字不完整,未能鉴定。

　　A 类(图 10-3:①②):10 颗。这类淀粉粒呈圆形或近圆形,脐点可见,由消光十字的交叉位置判断其位于中心。不见轮纹,无裂隙。部分表面有凹坑,如图 10-3①箭头所指。其偏光下可见呈 X 形的消光臂,消光臂不甚清晰,部分呈弥散状态。粒径范围 $14.16 \sim 30.69\mu m$,均值为 $20.96\mu m$。有研

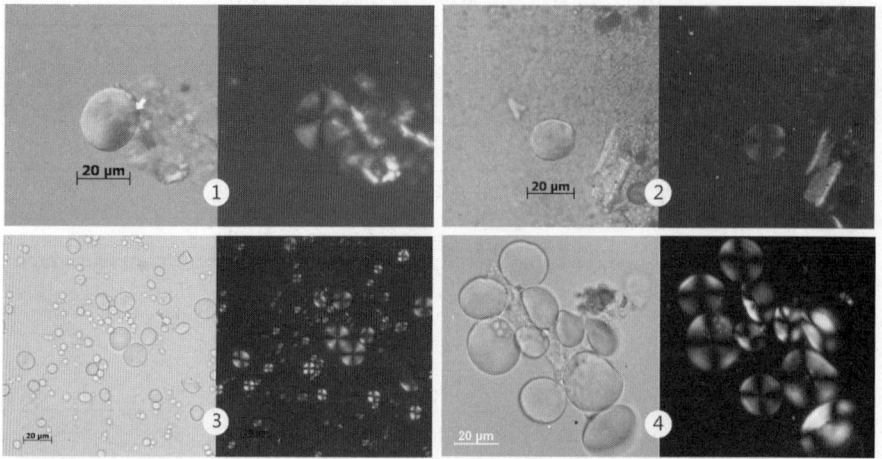

①②A类淀粉粒　③普通小麦（*triticumaestivum L.*）淀粉粒图像　④三芒山羊草（*Aegilopstriuncialis L.*）淀粉粒图像

图 10-3　A 类淀粉粒和小麦族植物淀粉粒图像

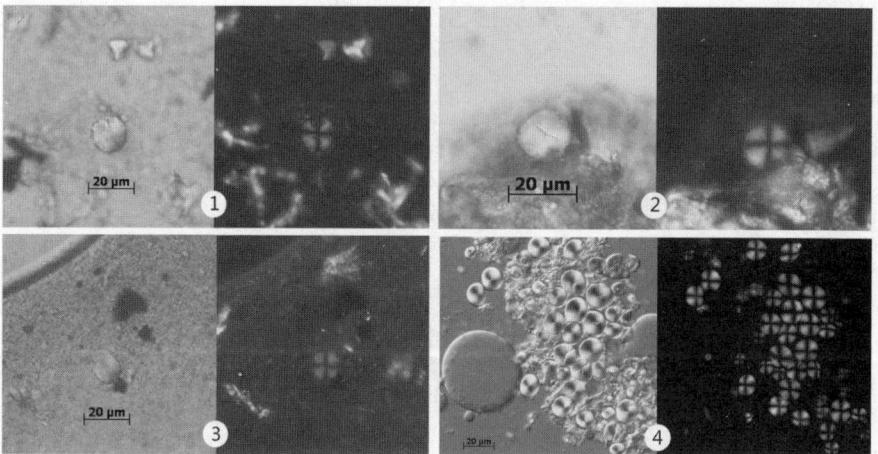

①－③ B 类淀粉粒　④薏苡（*Coixchinensis L.*）淀粉粒图像

图 10-4　B 类淀粉粒和薏苡淀粉粒图像

究对小麦族中 10 个种的淀粉粒进行测量，其平均长度分布在 12.1～28.9μm 间，最大的达到 45.2μm。[5] 通过与现代标本对比（图 10-3③④），其大小、形态和表面特征与小麦族植物的淀粉粒形状非常接近。由于小麦族植物的淀粉粒形状相似，种与种之间不易区分，所以，无法将这类淀粉粒鉴定到更低的分类单元。

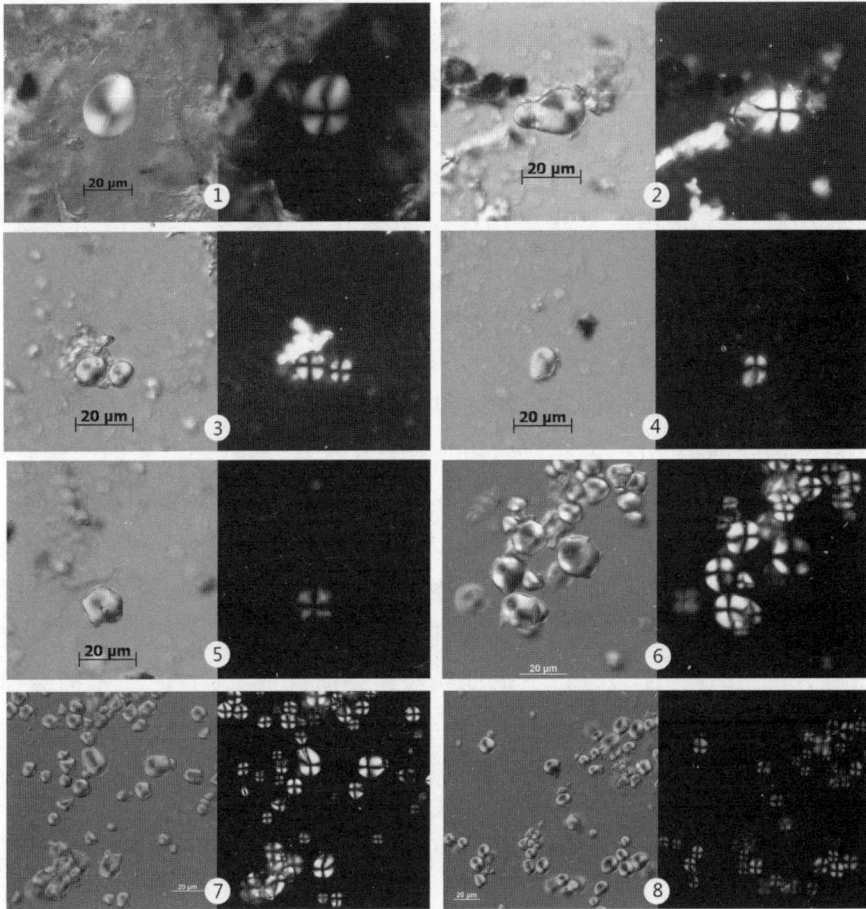

① C类淀粉粒；② D类淀粉粒；③ E类淀粉粒；④ F类淀粉粒；⑤ G类淀粉粒

图 10-5　①—⑤为 C—G 类淀粉粒　⑥—⑧为细叶青冈淀粉粒图像

B类：19颗（图10-4：①—③）。这类淀粉粒呈圆形或是近圆形，脐点可见，位于中心的位置。不见轮纹，表面光滑，颗粒饱满。部分淀粉粒脐点处存在"Y"形裂隙。偏光下消光较强，消光臂相互垂直且较细窄。粒径范围 5.78～25.44μm，均值为 13.44μm。与现代标本进行对比，结合其消光十字和表面裂隙特征，很容易将此类淀粉粒区分出来。这类淀粉粒在形态上与禾本科植物薏苡的淀粉粒非常接近。笔者在实验室测得来自安徽的130颗薏苡淀粉粒长度在 6.23～18.06μm 之间，平均长度为 12.33μm。B类淀粉粒的长度范围与笔者测得薏苡淀粉粒的长度范围存在一定差异。也有研究报道，薏苡的淀粉粒长度在 $5.48\pm25.44\mu m$ 之间，平均长度为 13.5 ± 2.99 μm。[6] B 类淀粉粒正好落在这项研究所测的范围内。薏苡长度的数据差异可能是由于薏苡的生长环境或是品种差异所造成的。

C 类：4 颗（图 10-5：①）。水滴状卵形。脐点不可见，位于中心略偏向圆头的一侧，可见轮纹。表面非常光滑，脐点周围有几条短的裂隙。偏光下特征非常明显，可见清晰的 X 形消光臂，消光臂在靠近尖头的一端有折角或弯曲。粒径范围在 $19.95\sim29.93\mu m$ 之间，均值为 $25.86\mu m$。

D 类：1 颗（图 10-5：②）。由两个淀粉粒组成的复粒淀粉粒。形状似大小两个圆形淀粉粒首尾相接，脐点不可见，大颗粒的脐点位于其近中心的位置，小颗粒的脐点靠近距大颗粒较远的一侧。不见轮纹，表面不甚光滑。偏光下可见清晰的消光臂，大颗粒的消光臂相互垂直，靠近小颗粒的一端时略有弯曲，小颗粒的消光臂呈 X 形。复粒淀粉粒的长度为 $25.28\mu m$。

E 类：70 颗（图 10-5：③）。这类淀粉粒呈圆形或近圆形，还有个别心形和圆三角形。部分脐点可见，位于近中心的位置。个别淀粉粒可见清晰的轮纹，可能是由于碾磨所致。大部分淀粉粒表面光滑，颗粒饱满，部分表面有破损，可能是碾压所致。近圆形淀粉粒的表面有"一"或"Y"字形的裂隙，偏光下可见清晰的"十"形消光臂，消光臂相互垂直且较宽。粒径范围在 $7.07\sim22.49\mu m$ 之间，均值为 $13.61\mu m$。

F 类：25 颗（图 10-5：④）。这类淀粉粒呈水滴形或是近椭圆形，脐点不可见，位于偏向较圆的一端，轮纹不可见。表面不甚光滑，大部分淀粉粒的脐点处有"一"或是"Y"字形的裂隙。偏光下可见 X 形的消光臂。粒径范围在 $11.05\sim24.04\mu m$，均值为 $15.45\mu m$。

G 类：6 颗（图 10-5：⑤）。这类淀粉粒呈不规则多边形，脐点可见，位于近中心的位置。不见轮纹，表面较光滑。以脐点为中心有放射状裂纹。偏光下消光现象很明显，消光臂近"十"字形。粒径范围在 $14.08\sim16.31\mu m$ 之间，均值为 $15.00\mu m$。

通过与现代淀粉粒数据库的对比，我们发现 C—G 这五种不同类型的淀粉粒组合在一起与壳斗科青冈属植物（图 10-5：⑥—⑧）的淀粉粒形态非常相近，因此将其划归入壳斗科青冈属植物的范围内。

H 类：3 颗（图 10-6：①）。这类淀粉粒呈椭圆形，脐点可见，并且有窝状凹陷，位于偏中心的位置。表面较光滑，轮纹不可见，脐点处存在裂隙。消

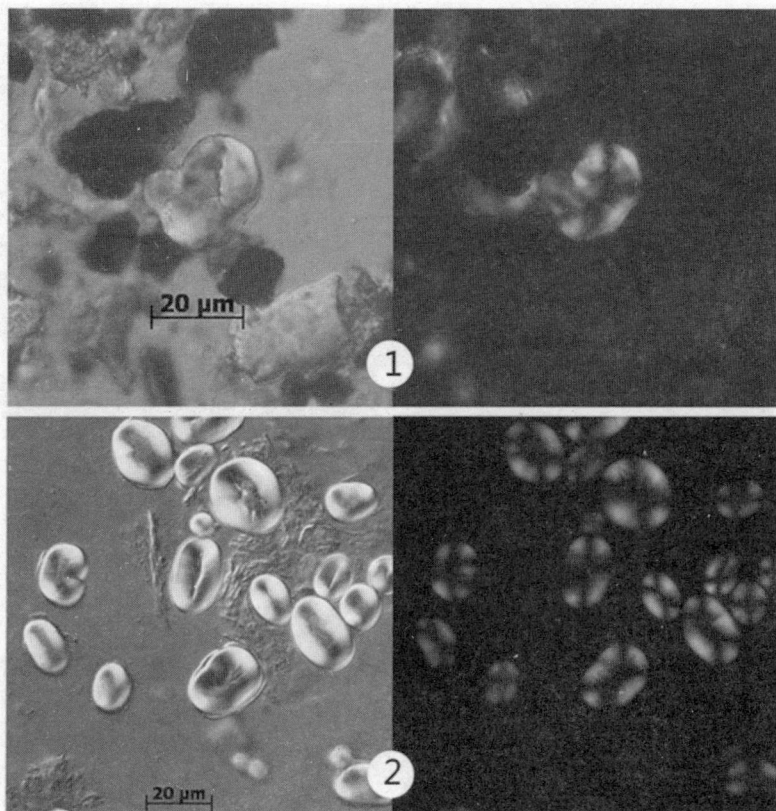

① H 类淀粉粒 ② 豇豆(*Vignaunguiculata L.*)淀粉粒图像

图 10-6 H 类淀粉粒和豇豆淀粉粒图像

光较强,消光臂呈 X 形多有变形或弯曲。粒径范围在 12.69～26.7μm 之间,均值为 19.29μm。人类很早就已经开始对豆科植物进行开发和利用。河姆渡遗址中曾出土过豆科植物的种子。[7]鉴于田螺山遗址与河姆渡遗址文化内涵相同,时代一致,因此,作者主要考查了豇豆属的豇豆(*Vignaunguiculata L.*)种子(图 10-6:②)。根据已有的现代植物淀粉粒数据来看,豇豆淀粉粒以单粒为主,偶见复粒。形态较为多样,脐点可见,基本位于近中心的位置,有的在脐点处有凹陷部分,表面较为光滑,边缘和轮廓清晰,长度范围在 5.10-28.56μm 之间,平均长度为 17.93±4.86μm。[8] H 类淀粉粒与豆科植物豇豆的淀粉粒非常相似。因此,笔者判断这类淀粉粒可能来自豇豆或豇豆属植物。

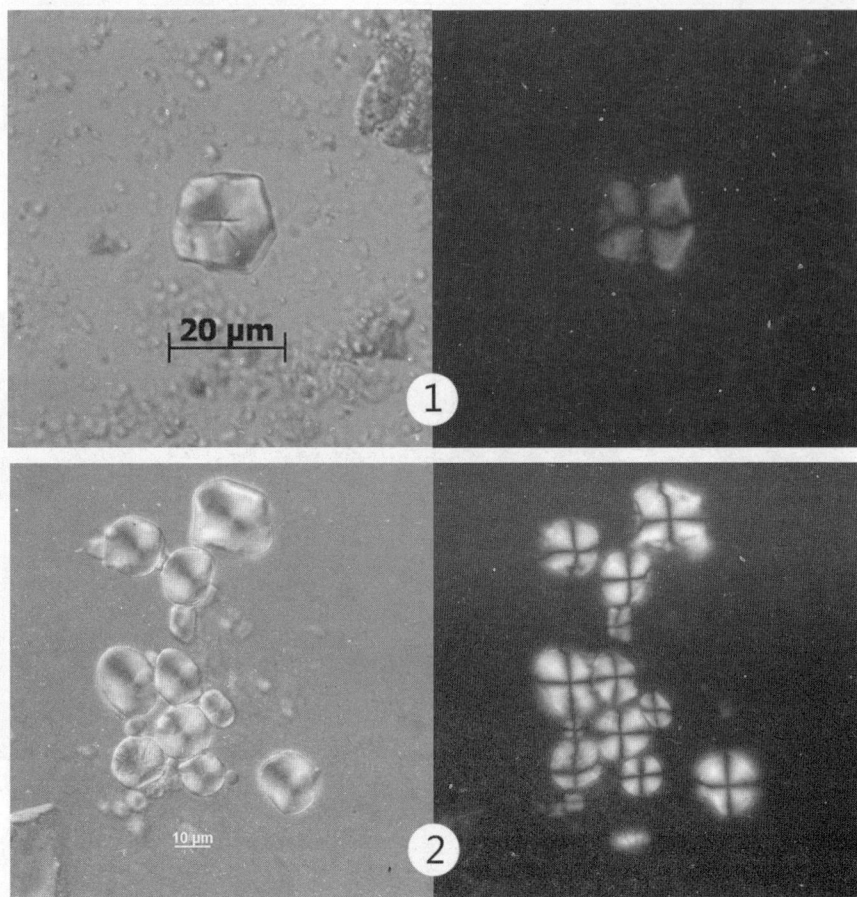

① Ⅰ类淀粉粒　② 高粱（*Sorghum bicolor L.*）淀粉粒图像

图 10-7　Ⅰ类淀粉粒和高粱淀粉粒图像

　　Ⅰ类：19 颗（图 10-7：①）。该类淀粉粒多呈多边形，有少量圆形。脐点可见，位于近中心的位置。轮纹不可见，表面较光滑，以脐点为中心存在放射状纹理。部分表面存在"Y"字形裂隙。该类淀粉粒在偏光下消光强烈，消光臂在脐点处相互垂直，到边缘处出现弯曲或折角。粒径范围在 12.91～24.88μm，均值为 17.74μm。该类多边形的淀粉粒与禾本科黍的淀粉粒特征非常相近，但是平均粒径较黍（7.6±1.43μm）大得多。[9] 经过比对，此类淀粉粒在形状大小和表面特征上与禾本科高粱属的植物较为一致。因此这类淀粉粒可能来自高粱属的某种植物。

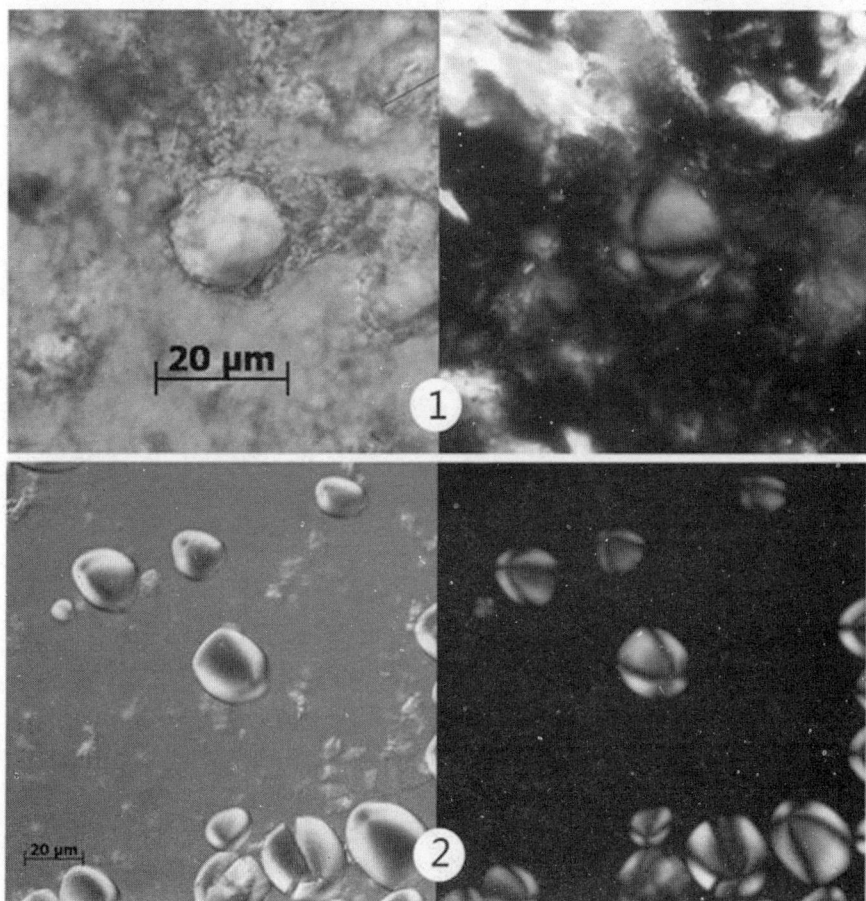

① G 类淀粉粒 ② 山药(*Dioscoreaopposita L.*)淀粉粒图像

图 10-8 J 类淀粉粒与山药淀粉粒图像

J 类:1 颗(图 10-8:①)。近圆形,脐点不可见,位于端部。不见轮纹,表面光滑,无裂隙。偏光下消光强烈,消光臂呈 X 形呈弯曲状。长 18.28μm。作者对采自河南郑州的 150 颗薯蓣淀粉粒进行测量,其长度范围在 15.51~40.77μm 之间,平均值为 26.35μm。该类淀粉粒表面特征与现代薯蓣属淮山药(*Dioscorea opposita L.*)的淀粉粒非常相似(图 10-8:②),其长度范围正好落在淮山药 29.37~6.13μm 的范围内,因此笔者认为这类淀粉粒应当来自薯蓣。

K 类:11 颗(图 10-9)。这类淀粉粒粒径较小,我们将其放大到 1000 倍

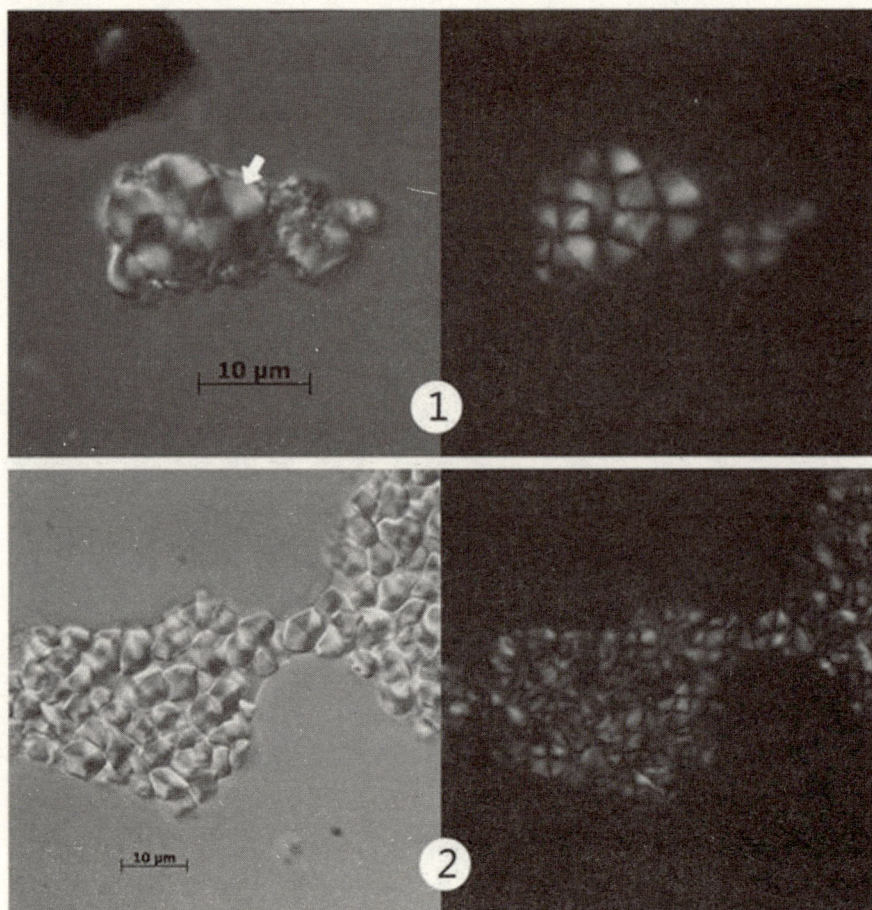

① K 类淀粉粒　② 水稻(*Oryza sativa L.*)淀粉粒图像

图 10-9　K 类淀粉粒和与水稻淀粉粒图像

下观察,该类淀粉粒呈多边形或是扇形。脐点不可见,位于近中心,不见轮纹,表面光滑,无裂隙。偏光下消光臂呈 X 形。在微分干涉相差显微镜(DIC)状态下,该类淀粉粒直边至脐点处常形成三角形的小平面,如图 10-9:①箭头所指。粒径范围在 $4.77 \sim 9.00 \mu m$ 之间,平均粒径为 $6.23 \mu m$。通过与现代植物淀粉粒数据进行比对,该类淀粉粒的形态与禾本科稻属植物的淀粉粒非常相似。有研究表明水稻淀粉粒的长度范围在 $2.71 \sim 8.26 \mu m$ 之间,平均长度为 $5.65 \pm 1.15 \mu m$。[10] 该类淀粉粒粒径基本吻合水稻的长度范围,因此这类淀粉粒很可能来自水稻。

L类:20颗。部分该类淀粉粒粒径较小,且多种植物都可能包含此类淀粉粒。因此,此类淀粉粒不具有明显的鉴定特征,或者是由于各种原因失去其表面特征,无法对其进行鉴定,因而归入此类。

四、讨 论

(一)田螺山史前人类的植物利用

通过对田螺山石磨盘淀粉残留物的分析发现,这一地区古人类在植物利用方面包括了禾本科小麦族、薏苡属、稻属植物,壳斗科青冈属,豆科以及薯蓣,一定程度上反映了这一时期田螺山先民的植物性食物结构。

壳斗科青冈属植物的淀粉粒占总量的55.79%,表明当时青冈属植物的坚果是人类日常饮食的一个重要组成部分。田螺山遗址出土最丰富的植物遗存就是橡子,这里大量的橡子坑表明其储存量是相当可观的。[2]橡子以青冈果为主,由于青冈果所含单宁较壳斗科其他植物低,苦涩程度较低,是除栗子、甜槠外,口感较好的壳斗科植物果实,也反映出先民对当时自然植被、环境的适应,同时也表明先民在利用壳斗科植物方面具有选择性。[11]淀粉粒分析的结果与该遗址出土大量的橡子实物相互印证,表明在该地区史前时期,有一个广泛采集橡子作为食物的采集经济形态。刘莉曾提出在农业全面发展之前,可能有一个集中采集、开发橡子的阶段,[12]本文的研究支持这一观点。

表 10-2 田螺山遗址石磨盘提取的各类淀粉粒数据统计表

淀粉粒类型	A	B	C	D	E	F	G	H	I	J	K	L
淀粉粒数量(颗)	10	19	4	1	70	25	6	3	19	1	12	20
占总量百分比(%)	5.26	10	2.1	0.53	36.84	13.16	3.16	1.58	10	0.53	6.32	10.52

薏苡在中国各地均有分布。河姆渡遗址曾出土过薏苡种子,经鉴定可能是采集的野生薏苡。[13]田螺山遗址出土有薏米,[14]从石磨盘上发现的淀粉粒来看,薏苡属植物的淀粉粒占到了所有淀粉粒数量的10%(表10-2),说明禾本科薏苡属植物也是田螺山先民所利用的植物资源之一。目前,虽然

169

淀粉粒分析还无法解决其是否是栽培种的问题，但是为我们提供了田螺山先民对植物利用的资料。目前，国内考古发现的早期麦类植物遗存大多集中在黄河流域，年代最早的麦类遗存是河南陕县庙底沟距今7000年前后的麦类植物印痕。[15]长江以南地区还未见有早期麦类遗存的报道，田螺山遗址所提取的小麦族植物的淀粉粒数量不多。13TLSMP05、13TLSMP06、13TLSMP11三个磨盘提取到的小麦族植物的淀粉粒，分别属于田螺山遗址的⑦、⑤、③层，年代在公元前4800年到公元前4300年之间。[2]因此，有可能小麦族植物在公元前5000年左右已经广布长江下游，其分布范围较我们以往发现的更为广泛。结合当时的农业发展水平，这里发现的小麦族淀粉粒很有可能是田螺山先民采集的野生小麦族植物。

田螺山遗址出土了数量较多的炭化稻米。有学者[2]通过稻米粒形和稻穗轴比例的变化讨论了水稻栽培和驯化进程的问题，并结合遗址出土的水生莎草类、禾草类和双子叶草本植物等种类大多是地下根茎或是一年生的这一现象，认为此时可能已经有了人为对土地的耕耘管理方式。石磨盘上发现的淀粉粒数量并不多，但这并不能全面反映出田螺山史前人类对稻米的利用程度，因为很有可能这些石磨盘并非主要用于加工稻米。但是，遗址出土的稻米遗存和磨盘所发现的淀粉粒共同证明稻属植物在田螺山先民的食谱中占据一定的地位。

笔者还发现有高粱属植物的淀粉粒。考古报道出土的高粱遗存并不少见，最早可见大河村遗址所报道的"炭化高粱"。但高粱在中国的起源问题一直争议不断。许多先前被鉴定为高粱的炭化遗存后来被否定，比如李璠将郑州大河村新石器时代晚期遗址出土的炭化粮食鉴定为"炭化高粱"，[16]后经刘莉等人重新鉴定为大豆。[17]葛威等学者基于碳、氮元素分析所得出的结果也支持新的鉴定，从而否定了大河村出土"高粱"的说法。[18]曾有报道甘肃民乐曾出土过4000年前的高粱，[19]但经过复查，这些所谓的高粱实际应该是黍子。目前，中国发现的比较可靠的早期高粱遗存是吉林德惠市李春江遗址中出土的金代中期的高粱遗存。[20]尽管高粱是否中国本土起源还没有定论，但有调查显示中国存在野生高粱的分布，[21]不能排除先民采集野生高粱的可能性。

薯蓣是薯蓣科薯蓣属植物，是人类重要根茎类食物来源之一。虽然本次实验只提取出一颗薯蓣的淀粉粒，但这并不能完全反映出当地人对薯蓣的利用率。在历史时期乃至现今的某些地区，根茎类植物可以成为人们食物结构中最主要的成分。但由于根茎类植物大部分都可以食用,被遗弃在遗址文化堆积中的概率相对较小,[22]炭化后被考古学者发现的概率更小。不论如何,在遗址未出土炭化根茎类植物遗存的情况下,石磨盘上所发现的薯蓣淀粉粒可以为研究先民饮食构成提供一项重要的材料。

除此之外,豇豆等豆科植物也是田螺山先民采集食用的植物性食物来源之一。综上所述,采集的壳斗科青冈属果实在可鉴定的炭化种子中,以及提取到的淀粉粒在可鉴定的淀粉粒中均占有很大的比例,可以推断,这一时期石磨盘主要被用于加工壳斗科植物的果实,此外采集经济在当时社会经济中占有一定地位。由此我们也看到距今 7000 年左右长江下游先民所具有的丰富的食物来源。

(二)田螺山石磨盘功能分析

田螺山遗址出土了少量的石磨盘。传统观点认为史前考古遗址中出土的石磨盘、磨棒与农业的起源和发展有着紧密的联系,是用于加工谷物的工具。[23]但是也有学者对这一论断表示怀疑,认为这类工具是人们在农业未发达前,作为采集经济的生活用具。[24]近年来,随着残留物、微痕分析法被用于考古遗存研究,使得石磨盘功能的研究有了更为直接的证据。学者们开始重新审视新石器时代石磨盘的功能,提出磨盘、磨棒很可能被用于加工采集的野生坚果,如橡实。[25][26]那么,田螺山遗址出土的石磨盘究竟是用来加工谷物,与当地史前谷物农业相关? 还是用于加工其他坚果类果实? 亦或是有其他功能,目前还没有直接证据。而石磨盘上淀粉粒的发现,为我们提供了线索。

从淀粉粒在 16 件石磨盘上的保存几率上看,其个体差异较大,11 件石磨盘提取出淀粉粒残留,5 件石磨盘未发现淀粉粒。其中 13TLSMP06 所提取出的淀粉粒数量占到总量的 68.4%。这种差异的产生一方面可能与磨盘的埋藏条件有关或是由于磨盘被多次清洗,其他磨盘本身所保存的淀粉粒已经被冲刷掉;另一方面是由于观察所选的取样点具有偶然性,若没有在该磨盘的常用使用面取样,也可能造成这种现象;此外,若这些磨盘的加工对象为非淀粉类植物,那么在石磨盘上也提取不到淀粉粒。

关于新石器时代石磨盘的功能,学术界尚存不同看法。传统观点认为,石磨盘是从旧石器时代晚期到新石器时代早期旱地农业地区的谷物加工工具,以加工粟黍类谷物为主。[23]有学者将微痕分析和淀粉粒分析方法用于研究石磨盘的功能,提出石磨盘应当更多的是被用于加工坚果的结论。[27]此外,还有学者对河姆渡文化所出"石磨盘"的性质有所质疑,认为河姆渡遗址并无专门的"石磨盘",很可能是河姆渡先民临时将砺石用作磨盘,用其把植物果实、块根或矿物颜料等碾磨成粉末。[28]但这种说法缺乏直接的证据。下面从石磨盘的形制、淀粉粒损伤状况及其种类三个方面来探讨田螺山石磨盘的功能。

1.田螺山遗址出土石磨盘的形制

北方所发现的石磨盘大致可以分为两大类,一种磨面较规整而略内凹,包括有足和无足的;另一种是呈马鞍形的,一般具有大而长的磨面[23]。田螺山遗址所发现的磨盘与北方所见略有不同,磨盘多为残块,只有一小块完整(图 10-10)。该磨盘整体呈长方形,磨面较为规整,磨面中部较四周平整,整体中部内凹,但仍有细小的凹坑。遗址内还出土另一种磨石,这种磨石的磨面有较深的沟槽,沟槽内平滑无细小的凹坑,据发掘者推测应当是用于磨制骨角器的工具,显然不同于这种磨面规整略内凹的磨盘。笔者推测这种磨面规整的磨盘可能被长期用于加工细小的植物果实,才会形成表面具有细小凹坑的规整形制。

2.田螺山遗址出土淀粉粒的损伤模式

淀粉粒的形态在经过不同的处理后呈现出不同的损伤模式,因此,我们可以通过淀粉粒是否受损来推断石磨盘究竟是否被用于碾磨。如图 10-11 所示,淀粉粒都显示出破损的痕迹,表面都受到了外力作用。表明这些石磨盘应当与加工这些植物有关。

3.田螺山遗址磨盘提取淀粉粒种类

我们从石磨盘上提取出了 6 种植物的淀粉粒,壳斗科青冈属植物的淀粉粒占到淀粉粒总量的一半以上,除此之外,还有其他种属的植物。一方面表明田螺山遗址的石磨盘在用途上的多样性,另一方面证明田螺山遗址出土的石磨盘主要功用应当是用于加工壳斗科植物的种子。而谷物类植物水稻的淀粉粒并不多见,这与田螺山遗址出土大量炭化稻米遗存的现象并不一致。刘莉对中国全新世孢粉和考古材料进行分析认为:中国全新世早期流行的碾磨石器与橡属花粉的高比例分布地区、食用橡子的考古遗存有着十分密切的时空关系,橡子在全新世早期生计形态中可能占有相当重要的地位。[12]如果考虑到食物采集和加工的功效,在遗址半径 25 公里以内的区域中,橡子应该要优于其他,甚至是野生的大麦和小麦。[29]坚果在某些历史

30cm

图 10-10 田螺山遗址显示出磨面的石磨盘

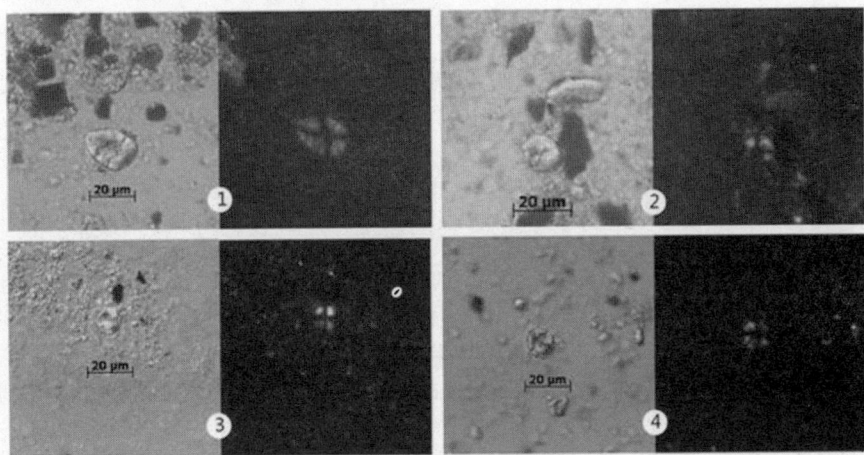

图 10-11 田螺山磨盘残留物样品中发现的损伤淀粉粒

173

时期和地区,也起着非常重要的作用。它们产量高、富含淀粉,易加工和耐贮藏的特性,曾是某些族群最重要的过冬食物之一。[30]

综合以上分析,笔者认为田螺山遗址的石磨盘,应当主要被用于加工坚果,偶尔用于加工其他植物的果实块根,与先民的原始稻作农业可能关系不大。

五、结　论

淀粉粒分析方法为研究古代人类食物构成提供了新的视角,同时也为器物功能的研究提供佐证。本文通过对田螺山出土石磨盘进行淀粉粒分析,并结合田螺山遗址自然遗存的其他研究成果,对田螺山新石器时代中期先民的饮食结构、石磨盘的功能有了一定程度的了解。得出以下几点认识:

(1)田螺山先民在新石器时代中期具有丰富的食物资源,饮食结构中有丰富的植物性食物。石磨盘淀粉粒分析反映出这一地区植物种类的多样性。橡子、水稻、豆属植物、小麦族植物以及薯蓣都是田螺山先民的食物来源。

(2)石磨盘上多种植物淀粉粒的发现表明磨盘功能具有多样性的特征。由于田螺山遗址人骨碳同位素比值从早到晚都比较稳定,处于C3类(水稻)植物范围内,并且遗址内发现大量稻谷壳和水稻田遗迹,但是石磨盘上所发现的水稻淀粉粒数量甚少。[31]由此可见,石磨盘与当地稻作农业关系不大,并非专门用于加工水稻,主要是被用于加工坚果类植物,偶尔用于加工其他植物的果实块根,与稻作农业的关系不大。

参考文献

[1]浙江省文物考古研究所.田螺山遗址第一阶段(2004—2008年)考古工作概述[C].田螺山遗址自然遗存综合研究,北京:文物出版社,2011:7—39.

[2]傅稻镰,秦岭等.田螺山遗址的植物考古分析——野生植物资源采集与水稻栽培、驯化的形态学观察[C].北京:文物出版社,2011:46—96.

[3]宇田津彻朗,郑云飞.田螺山遗址植物硅酸体分析[C].田螺山遗址自然遗存综合研究,浙江省文物考古研究所.北京:文物出版社,2011:162—171.

[4]金原正明,郑云飞.田螺山遗址的硅藻、花粉和寄生虫卵分析[C].田螺山遗址自然遗存综合研究.浙江省文物考古研究所.北京:文物出版社,2011:237.

[5]Xiaoyan Yang,L. P. . Identification of ancient starch grains from the tribe Triticeae in the North China[J]. Journal of Achaeological Science,2013,(40): 3170−3177.

[6]葛威. 淀粉粒分析及其在考古学中的应用[D]. 科学技术史,中国科学技术大学,2010:37.

[7]任式楠.我国新石器─铜石器并用时代农作物其他食用植物遗存[J].史前研究1986(3─4):77─94.

[8]葛威. 淀粉粒分析及其在考古学中的应用[D]. 科学技术史,中国科学技术大学,2010:46.

[9]葛威. 淀粉粒分析及其在考古学中的应用[D]. 科学技术史,中国科学技术大学,2010:37.

[10]葛威. 淀粉粒分析及其在考古学中的应用[D]. 科学技术史,中国科学技术大学,2010:25.

[11]郑云飞,陈旭高,孙国平. 田螺山遗址出土植物种子反应的食物生产活动[C]. 北京:文物出版社,2011:97─107.

[12]刘莉. 中国史前的碾磨石器和坚果采集[N]. 中国文物报,2007.

[13]俞为洁,徐耀良. 河姆渡文化植物遗存的研究[J]. 东南文化,2007:25─32.

[14]浙江省文物考古研究所.田螺山遗址第一阶段(2004─2008 年)考古工作概述[C].田螺山遗址自然遗存综合研究,北京:文物出版社,2011:7─39.

[15]靳桂云. 中国早期小麦的考古发现与研究[J]. 农业考古,2007(4):11─20.

[16]郑州市文物考古研究所. 郑州大河村[M]. 北京:科学出版社,2001.

[17]刘莉,盖瑞·克劳福德等. 郑州大河村仰韶文化"高粱"遗存的再研究[J]. 考古,2012(1): 91─96.

[18]葛威,李健和,王会波. 大河村遗址炭化种子的碳、氮元素分析[J]. 第四纪研究,2012,32(2): 243.

[19]李璠. 甘肃省民乐县东灰山新石器遗址古农业遗存新发现[J]. 农业考古,1989(1): 53.

[20]杨春,梁会丽等.吉林省德惠市李春江遗址浮选结果分析报告[J]. 北方文物,2010(4).

[21]董玉琛,郑殿升主编. 中国作物及其野生近缘植物(粮食作物)卷[M]. 北京:中国农业出版社,2006:395.

[22]赵志军. 考古出土植物遗存中存在的误差[M]. 植物考古学:理论、方法和实践,北京:科学出版社,2010.

[23]陈文. 论中国石磨盘[J]. 农业考古,1990(2):207─216.

[24]石兴邦. 前仰韶文化的发现及其意义[J]. 中国考古学研究. 北京:科学出版社,1986.

[25] Li Liu,J. F. , Richard Fullagar,SheahanBestel,XingcanChen,Xiaolin Ma,what did

grindingstones grind? New light on early Neolithic subsistence economy in the Middle Yellow River Valley,China[J]. Antiquity,2010,84(325)：816—833.

[26] Li Liu, J. F., Richard Fullagar, Chaohong Zhao. A function analysis of grinding stones from an early Holocene site at Donghulin [J]. North china Journal of Achaeological Science,2010,37：2630—2639.

[27]刘莉. 中国史前的碾磨石器、坚果采集、定居及农业起源[C]. 纪念何炳棣先生 90 华诞论文集. 西安：三秦出版社,2008：105—132.

[28]黄渭金,卢小明. 河姆渡"石磨盘"质疑[J]. 农业考古,2000(01)：197—201.

[29]秦岭,傅稻镰. 河姆渡的生计模式——兼谈稻作农业研究中的若干问题[J]. 东方考古,2006(3).

[30]俞为洁. 中国史前植物考古——史前人文植物散论[M]. 北京：社会科学文献出版社,2010：35.

[31]南川雅男,松井张等. 由田螺山遗址出土的人类与动物骨骼胶质碳氮同位素组成推测河姆渡文化的食物资源与家畜利用[C]. 田螺山遗址自然遗存综合研究. 浙江省文物考古研究所. 北京：文物出版社,2011：262—269.

后　记

当代科学研究正呈现多学科交叉融合的趋势。这种趋势产生的大背景是学术研究越来越以问题为导向，而不再囿于学科的框架。只要是对解决问题有益的方法，都可以采取拿来主义，为我所用，不管它原来属于哪个学科。本书的研究内容正是基于这样的考虑设计和展开的。

华南地区是我国一个相对独立的地理单元，其民族植物利用情况及农业形态与中国其他地区存在较大差异。同时，由于史前和历史时期的文化交流，华南区的植物利用也必然受到外来因素的影响。华南植物利用的多元特征与华南族群的迁徙密不可分。相关问题的探究对于重建华南区与中国其他地区乃至环太平洋地区的经济文化交流史具有不容忽视的借鉴意义。

本书的初衷是希望通过整合民族学、考古学、植物学和历史文献资料，并结合实地调查，在一定程度上对华南区的民族植物利用情况进行梳理，并在此基础上揭示华南族群与文化的特殊性。然而，由于时间仓促，一些研究还比较浮浅，更缺乏理论的提升。所以，这只能算是笔者与学生的一本习作，或者一种尝试。在将来的工作中，我们会继续将多学科的视角引入民族学和考古学的研究，在学科的交叉和融合中构建新的学科生长点；也期待通过以后更加扎实的工作，把华南民族植物研究推向深入。

这本微不足道的小书能够出版离不开很多师友的帮助和支持。广西壮族自治区崇左市龙州县水口乡罗回小学梁佩芬老师、北耀农场的包德友、梁佩莲夫妇及梁新培先生在有关桄榔的调查中提供了无私的帮助。江西省文物考古研究院付雪如先生、靖安县水口乡谌祖兴先生、德安县博物馆余志中副馆长以及厦门大学考古专业 2008 级本科生朱天祥、曹维和屈斌协助进行葛的调查。福建博物院陈兆善先生和将乐县博物馆郜骅馆长在将乐擂茶工艺考察中提供了便利。厦门大学考古专业 2008 级本科生林海南协助开展奇和洞周边植物利用调查。中国社会科学院考古研究所杨金刚先生帮助鉴定葫芦山遗址出土的部分植物遗存。奇和洞周边植物利用调查和葫芦山遗址植物考古研究还得到福建博物院文物考古研究所范雪春副所长、黄运明先生、漳平市博物馆黄大义先生以及葫芦山考古队熊仁寿先生的热忱帮助。浙江省文物考古研究所孙国平先生和美国丹佛艺术博物馆焦天龙先生在田螺山遗址的取样工作中给予了关心和帮助。

本项目得到厦门大学中央高校基本科研业务费的资助。厦门大学人类学与民族学系张先清主任一直对研究进展给予关注。没有他持续的鼓励和鞭策,本书的付梓不知还要拖到什么时候。厦门大学人文学院 2015 级文物与博物馆专业硕士研究生王淼和唐桂桃协助校对了部分文稿。在此一并志谢。

葛 威

2017 年 10 月